O LIVRO DOS HUMANOS

ADAM RUTHERFORD

O LIVRO DOS HUMANOS

TRADUÇÃO DE
CATHARINA PINHEIRO

1ª EDIÇÃO

EDITORA RECORD
RIO DE JANEIRO • SÃO PAULO

2020

CIP-BRASIL. CATALOGAÇÃO NA PUBLICAÇÃO
SINDICATO NACIONAL DOS EDITORES DE LIVROS, RJ

Rutherford, Adam
R94L   O livros dos humanos: a história de como nos tornamos quem somos / Adam Rutherford; tradução Catharina Pinheiro. – 1ª ed. – Rio de Janeiro: Record, 2020.
il.

Tradução de: The book of humans
Inclui bibliografia e índice
ISBN 978-85-01-11692-5

1. Evolução humana - História. 2. Homem – Origem. I. Pinheiro, Catharina. II. Título.

19-56008

CDD: 599.938
CDU: 569.89

Leandra Felix da Cruz – Bibliotecária – CRB-7/6135

Copyright © Adam Rutherford, 2018
Ilustrações © Alice Roberts, 2018

Título original em inglês: The book of humans

Todos os direitos reservados. Proibida a reprodução, armazenamento ou transmissão de partes deste livro, através de quaisquer meios, sem prévia autorização por escrito.

Texto revisado segundo o novo Acordo Ortográfico da Língua Portuguesa.

Direitos exclusivos de publicação em língua portuguesa para o Brasil adquiridos pela
EDITORA RECORD LTDA.
Rua Argentina, 171 – 20921-380 – Rio de Janeiro, RJ – Tel.: (21) 2585-2000, que se reserva a propriedade literária desta tradução.

Impresso no Brasil

ISBN 978-85-01-11692-5

Seja um leitor preferencial Record.
Cadastre-se em www.record.com.br
e receba informações sobre nossos
lançamentos e nossas promoções.

EDITORA AFILIADA

Atendimento e venda direta ao leitor:
sac@record.com.br

SUMÁRIO

Lista de ilustrações	7
Introdução	9

PRIMEIRA PARTE
Humanos e outros animais

FERRAMENTAS	27
O que é necessário para ser um criador	38
Animais equipados	43
Golfinhos que usam esponjas	46
Os pássaros	51
Em chamas, os anjos caíram	57
Guerra no planeta dos macacos	69
Agricultura e moda	78
SEXO	89
Sobre pássaros e abelhas	95
Autoerotismo	102
Usando a boca	107

Amor para valer	111
Homossexualidade	118
E a morte não terá domínio	132
Sexo e violência	135

SEGUNDA PARTE
O paradigma dos animais

Todos são especiais	147
Genes, ossos e mentes	151
24 – 2 = 23	155
Mãos e pés	165
Trava-língua	169
Fale agora	177
Simbolismo nas palavras	181
Simbolismo além das palavras	189
Se você pudesse ver o que eu já vi com seus olhos	199
Conhece-te a ti mesmo	205
Je ne regrette rien	209
Ensinar a pescar...	215
O paradigma dos animais	221
Agradecimentos	227
Referências bibliográficas	229
Índice	241

LISTA DE ILUSTRAÇÕES

(Design de Alice Roberts)

Vênus de Hohle Fels	15
Seixo talhado olduvaiense	33
Golfinho usando esponja	48
Falcão de fogo	65
A elegante Julie	85
Nervo laríngeo recorrente da girafa	123
Um osso hioide muito intrincado	174
O Homem-Leão de Hohlenstein-Stadel	192
Anzol javanês	217

INTRODUÇÃO

"Que obra-prima é o homem!", maravilha-se Hamlet, admirado com quão especiais nós somos.

> Quão nobre em sua razão! Quão infinito em faculdades!
> Em forma e movimento, quão rápido e admirável! Na
>   ação, como um anjo!
> Em entendimento, como um deus! A beleza do mundo!
>   O paradigma dos animais!

"O paradigma dos animais" é uma bela expressão. Hamlet exalta-nos como seres verdadeiramente especiais, próximos do divino, ilimitados em nossa capacidade de pensamento. É, também, uma frase presciente, visto que ele nos eleva a um patamar acima dos outros animais e, ao mesmo tempo, reconhece que somos um. Pouco mais de 250 anos após William Shakespeare ter escrito essas palavras, Charles Darwin consolidou, de forma irrefutável, a classificação da humanidade como uma espécie animal — o galho mais frágil em uma única e impressionante árvore genealógica que compreende 4 bilhões de anos, muitas reviravoltas e bilhões de espécies. Todos esses organismos — inclusive nós — têm uma única origem como raiz, com um código comum que firma nossa existência. As moléculas da vida são universalmente compartilhadas, assim como os mecanismos que nos fizeram chegar aqui: genes, DNA, proteínas, metabolismo, seleção natural, evolução.

Em seguida, Hamlet contempla o paradoxo que se encontra no coração da humanidade:

Que é essa quintessência do pó?

Somos especiais, mas, ao mesmo tempo, não passamos de matéria. Somos animais e, ainda assim, nos comportamos como deuses. Darwin soa um pouco como Hamlet ao declarar que temos "intelecto divino", porém, não podemos negar que o homem — e, para adaptar sua linguagem ao século XXI, a mulher também — carrega consigo o "selo indelével de suas humildes origens".

A ideia de que os seres humanos são animais especiais se encontra na raiz de quem somos. Quais são as faculdades e as ações que nos colocam em um pedestal acima de nossos primos na evolução? O que nos torna animais, e o que nos torna seu paradigma? Todos os organismos são necessariamente únicos para que possam existir em seu próprio ambiente único e explorá-lo. Nós, sem dúvida, consideramo-nos bastante excepcionais, mas somos de fato mais especiais do que outros animais?

Ao lado de Hamlet e Darwin, surge um possível desafio à nossa noção de excepcionalidade humana, proveniente de um exemplar bem mais simplório da cultura moderna, a animação sobre super-heróis *Os Incríveis*: "Todo mundo é especial... Que é outro jeito de dizer que ninguém no mundo é."

Os seres humanos *são* animais. Nosso DNA não é diferente de nada que tenha vivido nos últimos 4 bilhões de anos. Tampouco difere o sistema de codificação empregado nesse DNA: até onde sabemos, o código genético é universal. As quatro letras que compõem o DNA (A, C, T e G) são as mesmas encontradas nas bactérias, nos bonobos, nas orquídeas, nos carvalhos, nos percevejos, nas cracas, nos *Triceratops*, nos

INTRODUÇÃO

Tyrannosaurus rex, nas águias, nas garças, na levedura, nos fungos e nos cogumelos. A forma como elas são dispostas nesses organismos, bem como sua tradução nas moléculas de proteína que produzem as funções do ser vivo também são fundamentalmente as mesmas. O fato de a vida ser organizada em células distintas também é universal,* e essas células, incalculavelmente numerosas, extraem energia do restante do universo em um processo comum a todas.

Esses princípios são três dos quatro pilares da biologia: a genética universal, a teoria celular e a quimiosmose, um termo técnico, ainda que elegante, para o processo básico do metabolismo celular — como as células extraem energia dos arredores para ser gasta no processo da vida. O quarto pilar é a evolução por seleção natural. Combinadas, essas grandes teorias unificadoras formam uma coalizão para revelar algo inquestionável — que toda vida na Terra é relacionada por uma ancestralidade comum, e isso nos inclui.

A evolução é lenta, e a Terra tem sido abrigo para a vida durante a maior parte de sua existência. As escalas temporais sobre as quais falamos tão casualmente na ciência são muito absurdas para serem compreendidas. Apesar da nossa chegada tardia à vida na Terra, nossa espécie tem mais de 3 mil anos. Atravessamos esse oceano de tempo em grande parte inalterados. Fisicamente, nosso corpo não apresenta diferenças drásticas em relação ao do *Homo sapiens* que habitava a África 200 mil anos atrás.** Já tínhamos capacidade física de falar como

---

* Tradicionalmente, os vírus, em geral, são isentos dessa definição; um debate controverso pondera se os vírus são ou não seres vivos, embora eu fique dividido entre não me importar e pensar que, para todos os efeitos e propósitos, eles exibem as características de seres vivos. O fato de não poderem se reproduzir sem a presença de uma entidade celular viva, para mim, é irrelevante. Nenhum organismo jamais viveu de forma completamente independente em relação a outros. O papel dos vírus na evolução não pode ser subestimado, e foi um grande agente da continuação da vida ao longo de toda sua duração, conforme será discutido mais tarde.
** Os primeiros *Homo sapiens* são encontrados no Marrocos e têm por volta de 300 mil anos, mas costumam ser qualificados como seres humanos anatomicamente arcaicos, e não modernos, os mais antigos entre os quais têm em torno de 200 mil anos.

O LIVRO DOS HUMANOS

hoje, e nosso cérebro não era muito diferente em tamanho. Nossos genes reagiram em pequena proporção às mudanças no meio ambiente e nas nossas dietas à medida que migrávamos dentro e fora da África, e as variantes genéticas estão por trás da porcentagem minúscula do DNA que especifica as diferenças entre os indivíduos, alterações nas características mais superficiais — cor da pele, textura dos cabelos e algumas outras. Mas se deixássemos um homem ou uma mulher *Homo sapiens* de 200 mil anos atrás "apresentável", dando-lhe um corte de cabelo e vestindo-o(a) com roupas do século XXI, ele(a) não ficaria deslocado(a) em nenhuma cidade contemporânea.

Há um enigma nessa imutabilidade. Embora não pareçamos diferentes, os seres humanos mudaram, sim, e profundamente. Há um debate a respeito de quando se deu essa transição, mas há 45 mil anos algo aconteceu. Muitos cientistas acreditam que foi uma mudança repentina — repentina, em termos evolutivos, significa centenas de gerações e dezenas de séculos, e não um raio. Não temos a linguagem apropriada para simplificar as escalas de tempo envolvidas em tais transições. Mas o que podemos observar, a partir dos registros arqueológicos, é que vemos o surgimento e o acúmulo de uma série de comportamentos associados aos humanos modernos, e houve um tempo antes disso em que notamos poucos ou nenhum deles. Considerando há quanto tempo existe vida na Terra, essa mudança aconteceu, relativamente, em um piscar de olhos.

A transformação ocorreu não no nosso corpo, ou fisiologicamente, nem mesmo no nosso DNA. O que mudou foi a cultura. Em termos científicos, cultura refere-se aos artefatos associados a um tempo e lugar específicos. Tais artefatos incluem ferramentas, tecnologia de lâmina, equipamentos de pesca e o uso de pigmentos para fins decorativos ou joalheria. Os resquícios arqueológicos de lareiras demonstram a capacidade de controlar o fogo, de cozinhar, e, talvez, sua posição como eixo social. A partir da cultura material, podemos inferir comportamentos. Por meio dos fósseis, podemos tentar montar um quebra-cabeça que nos mostra qual era a aparência das pessoas, mas, com as evidências

INTRODUÇÃO

arqueológicas da parafernália envolvida na vida de nossos ancestrais, podemos analisar *como eram* as pessoas na pré-história, e quando elas se tornaram daquela forma.

Há 40 mil anos, já produzíamos joias ornamentais e instrumentos musicais. Havia muito simbolismo em nossa arte, e inventávamos novas armas e tecnologias de caça. Em alguns milênios, havíamos trazido os cães para nossa vida — lobos domesticados que acompanhavam nossa busca por comida muito antes de se tornarem nossos animais de estimação.

A concatenação desses comportamentos é, às vezes, chamada de "grande salto", visto que saltamos para um estado de sofisticação intelectual que hoje podemos identificar em nós mesmos. Também é uma "revolução cognitiva", embora eu não goste do uso dessa expressão para descrever um processo que foi gradual e contínuo, tendo durado alguns milhares de anos ou mais — revoluções de verdade deveriam acontecer como raios. Não obstante, o comportamento moderno emerge de modo permanente e rápido em vários locais do mundo. Passamos a esculpir estatuetas complexas, tanto realistas quanto abstratas, e quimeras de marfim, além de decorar as paredes das cavernas com imagens de caça e de animais importantes em nossa vida. O primeiro exemplar conhecido de arte figurativa do *Homo sapiens* é uma estátua de 30 centímetros e 40 mil anos de um homem magro com cabeça de leão. Ela foi esculpida a partir de um dente de mamute durante a última era do gelo.

Logo depois disso, passamos a produzir estatuetas de mulheres. Elas são hoje conhecidas como estatuetas de Vênus. Não se sabe se essas bonecas tinham um propósito específico, embora alguns pesquisadores acreditem que elas possam ter sido amuletos da fertilidade, visto que sua anatomia sexual é exagerada: mulheres de seios avantajados, lábios vaginais inchados e, muitas vezes, cabeça bizarramente pequena. Talvez elas fossem simplesmente exemplares da arte pela arte, ou então brinquedos. Seja como for, a criação desse tipo de escultura requer grandes habilidades, perspicácia e capacidade de pensamento abstrato. Um homem-leão é um ser imaginário. Amuletos de Vênus são representações deliberadamente distorcidas, abstrações do corpo humano. Tais exem-

O LIVRO DOS HUMANOS

plares tampouco poderiam existir no isolamento: a atividade artesanal requer prática, e embora apenas um punhado dessas belas obras de arte tenha resistido até hoje, elas devem representar um processo iterativo, uma linhagem de artistas talentosos.

Alguns desses tipos de traço surgem antes da transição completa para o comportamento moderno, mas de forma muito passageira, desaparecendo rapidamente dos registros arqueológicos. Os *Homo sapiens* não foram os únicos humanos a terem existido nos últimos 200 mil anos, tampouco os únicos a terem uma cultura refinada. Os *Homo neanderthalensis*, longe de serem os brutos do folclore popular, também eram simplesmente pessoas. Erramos ao pensar neles como meros macacos bípedes, vivendo na sujeira com linguagem e ferramentas rudimentares, prontos para a extinção. Os neandertais exibiam sinais claros de comportamento moderno: produziam joias, empregavam técnicas de caça complexas, utilizavam ferramentas, controlavam o fogo e criavam arte abstrata. Precisamos ter em mente que eles também eram sofisticados de uma forma indistinguível dos nossos ancestrais *Homo sapiens* diretos, o que derruba a ideia de singularidade do nosso "grande salto".

INTRODUÇÃO

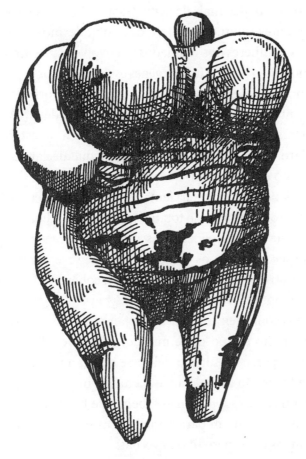

Vênus de Hohle Fels

Embora tenhamos tradicionalmente considerado os neandertais nossos primos, eles eram também ancestrais: hoje, sabemos que nossa linhagem e a deles se afastaram há mais de meio milhão de anos, e os dois grupos passaram quase todo esse período isolados no tempo e espaço. Mas nossos ancestrais deixaram a África aproximadamente 80 mil anos atrás, e foram imigrantes no território dos neandertais. Chegamos à Europa e à Ásia central e, há cerca de 50 mil anos, procriamos com eles. Seus corpos eram diferentes o bastante para estarem fora do escopo da diversidade física dos seres humanos que somos hoje — um pouco menos de queixo, um pouco mais de peito, testa maior e rosto robusto. Não eram tão diferentes, contudo, a ponto de não podermos fazer sexo com eles. Homens e mulheres dos dois lados se envolveram, e juntos tivemos filhos. Sabemos disso porque nossos genes estão nos ossos deles, enquanto os deles se encontram em nossas células vivas. A maioria dos europeus carrega porcentagens pequenas, mas significativas, de DNA adquirido dos neandertais, o que exclui qualquer esperança de estabelecermos um limite claro entre dois grupos de pessoas que declaramos espécies diferentes — isto é, organismos que não podem produzir descendentes. Embora o DNA neandertal esteja lentamente desaparecendo dos nossos genomas por razões que não são totalmente compreendidas, os humanos hoje guardam sua herança genética, assim como carregamos os genes de outro tipo de ser humano, os denisovanos, que viveram mais ao leste, e talvez mais outros que ainda não foram descobertos, mas cujo legado encontra-se no nosso DNA.

Quando nos conhecemos, os neandertais e essas outras espécies não tinham mais muito tempo neste mundo, e há cerca de 40 mil anos o *Homo sapiens* enterrou o último deles. Se os neandertais passaram ou não por uma transição completa para a modernidade comportamental como vimos no *Homo sapiens*, não sabemos, e talvez jamais saibamos, mas as evidências apontam para semelhanças muito grandes entre nós e aqueles homens e mulheres das cavernas.

Nós sobrevivemos, e eles morreram. Não sabemos o que deu ao *Homo sapiens* vantagem sobre os neandertais. Toda forma de vida está destinada à extinção após determinada escala de tempo: mais de 97% das espécies que já existiram desapareceram. O período dos neandertais na Terra foi muito mais longo do que o tempo que alcançamos até agora, e ainda não entendemos completamente por que a vida deles se extinguiu 40 mil anos atrás. Não acreditamos que existiram muitos neandertais, o que pode ter contribuído para sua morte. É possível que os tenhamos derrotado com nossa inteligência. Talvez tenhamos trazido doenças com as quais já convivêramos e ganháramos imunidade, mas que foram letais para uma

INTRODUÇÃO

população virgem. Talvez eles tenham simplesmente definhado. O que sabemos é que, por volta desse período, o último tipo de ser humano começou, de forma permanente e global, a exibir sinais de quem somos hoje.

Nós, sem dúvida, superamos todos os nossos parentes mais próximos em termos de reprodução. O *Homo sapiens* avançou e se multiplicou com muita eficácia. Se classificação importa para você, somos a forma de vida dominante na Terra em muitos aspectos (embora as bactérias nos superem em número — você tem mais células bacterianas do que humanas em seu corpo —, e tenham muito mais sucesso em termos de longevidade. Elas chegaram aqui 4 bilhões de anos antes de nós, e não têm perspectiva de extinção). Hoje, há mais de 7 bilhões de humanos vivos, mais do que em qualquer época da história, e esse número não para de crescer. Por meio de nossa inteligência, ciência e cultura, erradicamos muitas doenças, reduzimos drasticamente a mortalidade infantil e prolongamos nossa expectativa de vida em décadas.

Hamlet maravilha-se diante do nosso esplendor, tal qual fizeram cientistas, filósofos e religiões por milênios. No entanto, o progresso do conhecimento enfraqueceu nossa singularidade. Nicolau Copérnico nos arrastou de um mundo no centro do universo para um que apenas orbita uma estrela simples. A astrofísica do século XX revelou que nosso sistema solar é só mais um entre bilhões em nossa galáxia, que, por sua vez, é só mais uma entre outras bilhões no universo. Até hoje, só sabemos de um mundo com vida, mas desde 1997, quando os primeiros planetas fora da gravidade solar foram descobertos, tomamos conhecimento de milhares no firmamento celeste, e em abril de 2018 um novo satélite foi lançado especificamente para buscar novos mundos estranhos. Estamos começando a entender bem as condições necessárias para que a química se transforme em biologia e para que a vida surja a partir de uma rocha estéril. A questão de haver ou não vida fora da Terra mudou: seria surpreendente se *não houvesse* seres vivos em outras partes do universo. Isso tudo ainda está por vir, então, por enquanto, só conhecemos vida na Terra. Mas é provável que não sejamos tão especiais quanto costumávamos pensar, e quanto mais aprendemos, mais claro isso se torna.

Na Terra, Charles Darwin iniciou o processo de nos trazer de volta ao mundo natural, afastando-nos da criação especial. Ele mostrou que somos animais, evoluídos a partir de outros animais, e nos estabeleceu firmemente como criaturas procriadas, e não criadas. Todas as evidências moleculares incontroversas dos pilares da biologia ainda estavam por vir em 1859, quando ele apresentou ao mundo sua grande ideia em *A origem das espécies*. Ele evitou incluir os seres humanos nessa grande obra, mas nos provocou ao afirmar que seu mecanismo da seleção natural logo traria esclarecimentos a respeito de nossas próprias origens. Em *A origem do homem e a seleção sexual*, de 1871, ele aplicou seu meticuloso e presciente cérebro à nossa gênese, descrevendo-nos como um animal evoluído, assim como qualquer outro organismo da história da Terra. Embora quase pelado, você é um macaco, descendente de macacos, seus traços e ações esculpidos ou escolhidos pela seleção natural.

Nesse sentido, não somos especiais. Evoluímos com uma biologia indistinta de toda vida, e sob os auspícios de um mecanismo que é similarmente universal. Mas a evolução também nos equipou com um conjunto de capacidades cognitivas que nos deu, ironicamente, um senso de separação da natureza, pois nos permitiu desenvolver e refinar nossa cultura a um nível de complexidade que vai muito além de qualquer outra espécie. Ela nos deu uma ideia clara de que somos especiais, e especialmente criados.

No entanto, muitas das coisas que outrora pensávamos ser exclusivamente humanas, na verdade, não são. Estendemos nosso alcance para além do nosso domínio utilizando a natureza e inventando tecnologias. Mas muitos animais também usam ferramentas. Dissociamos o sexo da reprodução, e quase sempre fazemos sexo por diversão. Os cientistas têm relutância em admitir a possibilidade de prazer nos animais, mas, ainda assim, uma grande proporção dessa atividade sexual não resulta e não pode resultar em reprodução. Somos, muitas vezes, uma espécie homossexual. Houve uma época — e em muitos lugares isso não acabou — em

INTRODUÇÃO

que a homossexualidade era condenada como *contra naturam*, um crime contra a natureza. Na realidade, atos sexuais entre membros do mesmo sexo abundam na natureza, em milhares de animais, e podem muito bem, por exemplo, dominar os encontros sexuais entre girafas machos.

Nossa capacidade de comunicação parece superar a de qualquer outro animal, embora simplesmente ainda não saibamos o que eles dizem. Estou escrevendo este livro, e você agora o lê, o que é um nível de comunicação que se desenvolveu para muito além de qualquer outro nível que tenhamos observado em qualquer outra espécie. Embora isso sem dúvida nos torne diferentes, uma tamarutaca não dá a mínima para esse fato. Ela pode enxergar dezesseis comprimentos de onda de luz, enquanto enxergamos míseros três,* o que é muito mais útil para ela do que toda a cultura e autoestima que conquistamos em milênios.

Não obstante, um livro é algo que tipifica a lacuna entre nós e todas as outras criaturas. É o compartilhamento de informações geradas por milhares de outros, quase nenhum dos quais tem uma ligação próxima a mim. Estudei suas ideias e registrei-as em uma ferramenta de complexidade quase inimaginável, a fim de que nossa mente possa ser enriquecida por esta coleção de histórias que são novas, e, com sorte, interessantes para qualquer um que tenha a curiosidade de apanhá-la.

Este é um livro sobre o paradoxo de como nos tornamos nós. Explora uma evolução que conferiu capacidades imensas de intelecto a um macaco que, caso contrário, seria mediano, para criar ferramentas, arte, música, ciência e engenharia. Por meio de ossos antigos, e, hoje, da genética, temos informações sobre a mecânica da nossa jornada evolucionária através das eras (apesar de ainda haver muito a ser descoberto), mas sabemos muito menos sobre o desenvolvimento de nosso comportamento, de nossa mente e do modo como evoluímos de maneira singular para os seres sociais que somos hoje.

---

* Ou quatro: estamos começando a achar que algumas mulheres são tetracromatas, o que significa que têm fotorreceptores aperfeiçoados para detectar quatro cores primárias em vez das três tricromáticas, que são o padrão. A nova cor primária pertenceria ao espectro verde.

O LIVRO DOS HUMANOS

Ao mesmo tempo, é um livro sobre animais, entre os quais somos um. Somos uma espécie autocentrada, e achamos difícil não vermos a nós mesmos e aos nossos comportamentos em outros animais. Às vezes, essas características de fato têm uma origem compartilhada com as nossas. Muitas vezes, porém, não é o caso. Não importa qual tenha sido sua gênese, procuraremos desmistificar nosso próprio comportamento apontando onde mais na Terra vemos esses traços e tentando identificar as coisas que são só nossas, compartilhadas com primos evolucionários próximos, ou coisas que são simplesmente semelhantes, mas, na verdade, não têm relação. Examinaremos a evolução da tecnologia nos seres humanos — que aperfeiçoaram a arte das pedras, da madeira e do fogo centenas de milhares de anos atrás — e em muitos outros animais que também usam ferramentas. Os biólogos evolucionistas adoram pensar em sexo, e também vamos nos aprofundar no assunto, não apenas para tentar entender como desassociamos o sexo em todas as suas formas da reprodução, mas como a vida sexual dos animais também é um carnaval de prazeres que nem sempre equivalem apenas à manifestação direta do imperativo biológico de gerar descendentes. Embora esta seja uma celebração tanto de nós mesmos quanto da variedade maravilhosa presente na natureza, somos, sem dúvida, criaturas capazes de um comportamento nada angelical, de criar pesadelos terríveis — violência, guerra, genocídio, assassinato, estupro. Seriam esses atos diferentes de outros, muitas vezes chocantes, que fazem parte do mundo natural selvagem, das práticas sexuais e da violência que não são exibidas em documentários para a televisão? Na última parte, analisaremos detalhadamente as razões por trás da evolução da modernidade comportamental — ou seja, do surgimento de pessoas como as que somos hoje. Nosso corpo se tornou moderno antes de nossa mente, o que é um enigma digno de ser examinado.

Os biólogos avaliam as maravilhas da evolução, às vezes para entender a nós mesmos, outras para entender o grandioso esquema da vida na Terra. Este livro é um vislumbre da épica e sinuosa jornada que cada organismo fez. Afinal de contas, somos os únicos que podem apreciá-la.

INTRODUÇÃO

Que obras-primas somos nós!

Os pilares da biologia estão firmemente estabelecidos, instalados ao longo dos dois últimos séculos e testados repetidas vezes. Combinamos os princípios da seleção natural à genética, em células alimentadas pela química. Nós alinhamos esses princípios à história para traçar uma imagem de como a vida se espalhou a partir de uma origem humilde no porão dos oceanos para alcançar cada centímetro deste planeta. Talvez isso possa significar, para você, que o estudo da vida na Terra está quase concluído, e que agora estamos apenas preenchendo os detalhes. Mas a ciência nunca dorme, pois há sempre lacunas gigantescas em nosso conhecimento. A maior parte da natureza permanece despercebida e continua a nos surpreender diariamente com novas descobertas, novas espécies e novos traços nos animais e em outros organismos que simplesmente nunca havíamos visto, ou talvez nunca tenhamos concebido.

Algumas das informações descritas nas páginas que se seguem só foram descobertas em 2018, o ano em que este livro foi concluído. Isso pode significar que os detalhes são escassos ou foram vistos apenas uma vez ou em poucas ocasiões. Pode significar que tais comportamentos recém-observados são exceções, características realmente incomuns. Outros podem estar presentes em muitas espécies, ou até em todas. Alguns podem, no fim das contas, não ser o que havíamos pensado a princípio. Apesar de todos os documentários gloriosos que vemos na televisão, a maioria dos animais passa quase toda a vida longe dos olhos humanos, habitando ambientes que nos são inóspitos ou estranhos. Eis a natureza da ciência: buscai e encontrareis. O estudo desses animais é importante por si só, e ainda pode oferecer informações sobre nossa própria condição.

Às vezes, esses comportamentos parecem ter uma origem evolutiva em comum conosco. Outras vezes, surgem em animais não humanos por serem características de grande utilidade na luta pela existência, passando por diversas evoluções — do mesmo modo que insetos, morcegos e pássaros têm asas, mas pouco em comum em suas histórias de desenvolvimento do voo. O filósofo Daniel Dennett chama essas características de "bons truques", ou seja, são traços tão benéficos que surgem várias vezes na história. O voo é um bom truque, e se desenvolveu repetidamente em criaturas de parentesco muito distante, mas também evoluiu com frequência dentro dos mesmos grupos de seres. A evolução pode ser eficiente no seguinte aspecto: no momento em que há um plano para a criação de um traço específico, este pode ser aplicado sempre que desejável. Asas de insetos apareceram e desapareceram dezenas, talvez centenas de vezes nos últimos 100 milhões de anos para se adequarem à sobrevivência no ambiente local, embora o mecanismo genético por trás das asas tenha permanecido essencialmente o mesmo ao longo desse tempo. O voo só é útil quando é útil, e é uma prática custosa, então pode ser descartado, e seus genes arquivados, quando desnecessários, como roupas de inverno.

Há inúmeras armadilhas em potencial no estudo da nossa própria evolução. Assim como devemos ser cuidadosos ao atribuir semelhanças de funções a origens comuns, também devemos ter cautela para não confundir nosso comportamento atual com a suposição de que é por isso que o comportamento surgiu para início de conversa. Existem muitos mitos tentadores sobre a origem de nosso corpo e de nossos costumes que beiram a pseudociência. Sejamos claros: toda vida evoluiu. Mas isso não significa necessariamente que todas as ações são explicadas por meio da ideia central da evolução, que é a adaptação. Muitas práticas, especialmente em nós, estão presentes como subprodutos da nossa existência evoluída, e não por terem funções específicas na garantia da nossa sobrevivência. Essa falácia é muito encontrada em nosso comportamento sexual, que inspecionaremos em detalhes. Vemos comportamentos sexuais familiares nos animais, alguns dos quais são associados ao prazer que sentimos, enquanto outros são associados à violência criminosa. Não importa o quão apropriada ou atraente uma explicação possa ser, a ciência procura fatos e evidências, bem como a capacidade de testar uma ideia ao ponto de sua destruição.

Cada caminho evolucionário é único, e embora todos os seres vivos sejam parentes, o modo como cada um surgiu é outra história, com diferentes tipos de pressão levando à seleção, e mudanças aleatórias no DNA

INTRODUÇÃO

fornecendo o modelo a partir do qual cada variação, seleção e mudança evolucionária podem ocorrer. A evolução é cega, a mutação é aleatória, mas a seleção, não.

Tentativa e erro é um processo conservador; mudanças biológicas radicais geralmente resultam em morte. Alguns desenvolvimentos evolucionários são tão úteis que nunca desaparecem. A visão é um exemplo. Ser capaz de enxergar nos oceanos deu uma vantagem clara e considerável a qualquer que tenha sido a primeira forma de vida a ter adquirido tal habilidade, há mais de 540 milhões de anos — podemos ver coisas que queremos comer e nos aproximar delas, ou ver coisas que querem nos devorar e nos afastar. Depois de desenvolvida, a visão se disseminou rapidamente. Desde então, o programa genético para a fototransdução — ou seja, converter luz em visão — permaneceu quase idêntico em todos os organismos capazes de enxergar. Por outro lado, um corvo com um graveto torto extraindo uma larva da casca de uma árvore é uma capacidade que se desenvolveu de modo completamente independente de um chimpanzé que faz o mesmo, e os dois comportamentos têm pouquíssima base genética em comum. Todas as habilidades são fruto de evoluções, o que não quer dizer que tenham as mesmas raízes. Destrinchar e filtrar as semelhanças e diferenças em atividades que nos parecem familiares é crucial para entendermos nossa própria evolução.

Precisamos separar todos os atributos discutidos neste livro, apesar de cada um depender dos outros. Não poderemos recriar a ordem ou as circunstâncias em que surgiram. Nosso cérebro se expandiu, nosso corpo mudou, nossas habilidades se desenvolveram e passamos a socializar de maneiras diferentes. Acendemos centelhas e fogueiras, cultivamos a terra, criamos mitos e deuses, e comandamos animais. O início da cultura contou com tudo isso, alimentado pelo fluxo de informações e expertise. Não foi uma maçã que nos deu esses conhecimentos — maçãs são um produto do nosso próprio trabalho na agricultura. Foi como vivemos nossa vida. Começamos a viver em populações que cresceram e alcançaram tamanhos em que famílias se tornaram comunidades, e tarefas em comunidades couberam a especialistas — músicos, artistas, artesãos, caçadores, cozinheiros. Na transferência da sabedoria desses especialistas — na interconectividade das mentes —, surgiu a modernidade. Somos únicos no acúmulo de cultura e em sua transmissão para os outros. Transmitimos informações não somente através do DNA ao longo de gerações, mas em todas as direções, para pessoas com quem não temos elos biológicos imediatos. Registramos nosso conhecimento e nossas experiências, e os compartilhamos. Foi ensinando aos outros, moldando a cultura e contando histórias que criamos a nós mesmos.

Darwin, com sua típica presciência, suspeitava:

Só o homem é capaz do aperfeiçoamento progressivo. Não podemos negar que ele é capaz de um aperfeiçoamento incomparavelmente maior e mais rápido do que qualquer outro animal; e isso se deve sobretudo à sua capacidade de falar e transmitir o conhecimento adquirido.

Crucialmente, somos a única espécie a ter se analisado e perguntado: "Sou especial?" Paradoxalmente, a resposta acabou sendo, ao mesmo tempo, não e sim.

Ao longo das eras, passamos de animais não muito especiais a nos considerarmos distintos do restante do mundo e criados de forma singular, até um tipo de estado quântico em que podemos ocupar as duas posições simultaneamente. O que se segue é um compêndio do que sem dúvida nos caracteriza como animais e, ao mesmo tempo, revela como somos extraordinários.

PRIMEIRA PARTE

Humanos e outros animais

FERRAMENTAS

Os seres humanos são criaturas imbuídas de tecnologia. Esse termo ganhou um sentido específico na era moderna. Escrevo estas palavras em um computador, com um navegador de internet no fundo conectado por Wi-Fi. Hoje, pensamos nesses dispositivos e serviços eletroeletrônicos como a expressão da tecnologia. Em *O salmão da dúvida*, o escritor de ficção científica Douglas Adams criou três regras no que diz respeito à nossa interação com ela:

1. Tudo o que já está no mundo quando você nasce é normal, corriqueiro e nada mais do que parte natural da maneira como o mundo funciona.
2. Tudo o que é inventado entre os seus 15 e 35 anos é novo, empolgante e revolucionário, e pode, inclusive, se tornar sua carreira profissional.
3. Tudo o que é inventado depois dos seus 35 anos vai contra a ordem natural das coisas.

Sem dúvida, existe na mídia uma suspeita que parece ser constante em relação a novas tecnologias, em especial por parte de pessoas mais velhas que expressam preocupação com os jovens: *ninguém pensa nas crianças?*

O LIVRO DOS HUMANOS

Sempre foi assim. No século V a.C., Sócrates alertou para os riscos de uma nova e transformadora tecnologia por medo de que ela se alimentasse dos jovens.

Esquecimento nas almas dos aprendizes, pois eles não mais usarão suas memórias... serão ouvintes de muitas coisas, e não terão aprendido nada; parecerão oniscientes e, em geral, não saberão nada; serão companhias cansativas, com a aparência vazia de sabedoria.

A tecnologia que provocou a ira de Sócrates foi a escrita. Dois mil anos depois, um polímata, filósofo e cientista suíço chamado Conrad Gessner expressou angústia similar diante do potencial de outra inovação da tecnologia da informação: a prensa.

Plus ça change... O mal tecnológico atual é proveniente do tempo que passamos interagindo com telas. A mídia, tanto impressa quanto on-line, alerta continuamente para o tempo gasto na frente das telas e para os danos em potencial que isso pode causar. Tudo, desde pequenos delitos até assassinatos em massa, autismo e esquizofrenia, já foi atribuído à falta de limites no tempo dedicado às telas. Trata-se, em geral, de uma discussão pseudocientífica frustrante, já que os detalhes do problema são parcamente delineados e mal definidos. Cinco horas de solidão imerso em um videogame têm o mesmo impacto que cinco horas absorto em um livro em um dispositivo de leitura? Faz diferença se o jogo contém violência, quebra-cabeça, ou as duas coisas, ou se o livro estimula a violência e a fabricação de armas? Assistir a um filme no cinema equivale a jogar videogames com a família?

Os dados ainda não estão disponíveis, e os estudos conduzidos até agora não chegaram a nenhuma conclusão forte, tampouco fracassaram de uma forma ou de outra. Parte do discurso, contudo, diz que passamos tempo demais diante de telas, enquanto deveríamos nos dedicar a atividades de cunho criativo ou cultural, ou nos expressar sem recorrer à tecnologia. É evidente que um pincel é uma ferramenta tecnológica, assim como um lápis, um graveto afiado ou um acelerador de partículas.

FERRAMENTAS

Quase nada que fazemos, seja artístico, criativo, ou, obviamente, científico, poderia existir sem o apoio da tecnologia. O canto, a dança, e até algumas formas de atletismo e natação são independentes do uso direto de tecnologias externas, mas enquanto observo minha filha arrumar os cabelos em um coque, cortar as unhas quebradas e calçar as sapatilhas antes do balé, é impossível não pensar que somos animais com cultura e existência inteiramente dependentes de ferramentas.

Então, o que é uma ferramenta? Existem algumas definições. Eis aqui uma de um livro acadêmico essencial sobre comportamento animal:

> O emprego externo de um objeto ambiental, desacoplado ou acoplado, mas manipulável, para a alteração mais eficiente da forma, posição ou condição de outro objeto, organismo ou do próprio usuário, quando o usuário segura e manipula diretamente a ferramenta durante ou antes de seu uso e é responsável por sua orientação apropriada e eficaz.

É uma definição prolixa, mas quase completa.* Algumas definições estabelecem uma distinção entre o uso de um objeto encontrado e um item modificado, o que o qualifica como tecnologia. A ideia central é que uma ferramenta é algo externo ao corpo do animal, usada para que ele exerça uma ação física que amplia suas capacidades.

Ferramentas são uma parte inerente da nossa cultura. Às vezes, conversamos sobre evolução cultural em oposição à evolução biológica, a primeira sendo ensinada e transmitida socialmente, a última codificada no nosso DNA. Mas a verdade é que elas estão intrinsecamente ligadas, e uma forma melhor de pensar sobre isso é como coevolução genético- -cultural. Uma estimula a outra, e a transmissão cultural de ideias e habilidades requer uma capacidade geneticamente codificada. A biologia possibilita a cultura; a cultura muda a biologia.

---

* *Animal Tool Behavior: The Use and Manufacture of Tools by Animals*, de Robert W. Shumaker, Kristina R. Walkup e Benjamin B. Beck (Johns Hopkins University Press, 2011).

O LIVRO DOS HUMANOS

Milhões de anos antes da invenção do relógio digital, tínhamos uma cultura tecnológica limitada. Nós até reconhecemos especificamente nosso compromisso tecnológico na nomenclatura científica. Um dos nossos primos de gênero mais antigos — prováveis ancestrais — chama-se *Homo habilis*. Isso significa, literalmente, "homem hábil". Eles foram um povo que viveu entre 2,1 e 1,5 milhão de anos atrás no leste da África. Existem alguns espécimes que foram classificados como *habilis*, em geral com rosto mais chato do que o dos primeiros australopitecíneos de cerca de 3 milhões de anos atrás, mas conservando ainda braços compridos e cabeça pequena — seu cérebro, tipicamente, tinha metade do tamanho do nosso. Na aparência, o *Homo habilis* teria sido mais um macaco-homem do que um homem-macaco. Eles provavelmente foram os ancestrais do mais gracioso *Homo erectus*, embora tenham coexistido, o que pode indicar que o *Homo habilis* divergiu dentro do grupo de sua própria espécie.

Seu status de homem hábil deve-se principalmente à descoberta de espécimes cercados por evidências de tecnologia lítica — ou seja, de pedra. Alguns pesquisadores supõem que a presença de ferramentas representa a fronteira entre o gênero *Homo* e o que veio antes dele, o que significa que os seres humanos são de fato definidos pelo uso de tais objetos. As coleções mais abundantes associadas ao *Homo habilis* provêm da Garganta de Olduvai, na Tanzânia, e esse tipo de tecnologia é chamado de "ferramentas olduvaienses". Há muitos jargões técnicos envolvidos na descrição desses instrumentos e de como eles funcionavam; "talha lítica" é um desses termos, e significa, de maneira ampla, raspar pedras — na maioria das vezes quartzo, basalto ou obsidiana — para moldá-las e amolá-las. Muitas pistas arqueológicas vêm na forma de lascas — os detritos de uma pedra bruta usada para a produção de uma ferramenta, quando a ferramenta em si perdeu-se no tempo. A obsidiana* é uma

---

* Os geólogos sempre encontram os melhores nomes: a obsidiana é uma rocha formada quando a lava félsica sofre um resfriamento rápido nas extremidades de fluxos de riólito; isso significa que é rica nos silicatos feldspato e quartzo.

FERRAMENTAS

rocha ígnea — um tipo de vidro vulcânico, e uma boa opção para objetos cortantes, visto que forma pontas tão afiadas que alguns cirurgiões preferem usá-las a bisturis de aço.

Essas práticas sugerem uma capacidade cognitiva que permite a seleção de pedras apropriadas e um plano. São necessários um percutor e uma plataforma, uma bigorna, para lascar a matéria-prima. O corte de pedra é uma atividade consciente e que requer habilidade, bem como ferramentas diferentes. Algumas são pesadas, como o cortador olduvaiense, que acreditamos ter sido usado como cabeça de machado. Outras são mais leves — raspadores para remover a carne das peles, pedras afiadas como cinzéis, chamadas buris, e outros utensílios para talhar madeira. Repito, essa variação no conjunto geral de ferramentas pressupõe uma capacidade cognitiva de distinguir instrumentos apropriados para práticas diferentes.

O *Homo habilis* está entre os primeiros membros da linhagem que decidimos ser humana, e o uso de ferramentas faz parte dessa definição. Mas essa fronteira artificial não foi confirmada na história científica; o homem hábil não foi o primeiro a ter habilidade. Mil quilômetros ao norte de Olduvai fica Lomekwi, no litoral oeste do lago Turkana, outra das áreas-chave no berçário dos primeiros humanos. Esse foi o local da descoberta, em 1998, de um espécime que foi chamado de *Kenyanthropus platyops*, ou, em uma definição simplificada, "homem de rosto chato".* É um tipo "não incontroverso" de hominídeo, que

---

* Historicamente, a palavra "homem" tem sido usada para descrever essas espécies em linguagem comum, como no caso do homem de Neandertal, do homem de Cro-Magnon etc. É um uso informal irritante no sentido de que não reconhece 50% das nossa espécie, mas pode ser facilmente corrigido pelo uso genérico de "humano", como em gênero humano, o que é um ajuste fácil e inclusivo. Neste caso, contudo, "humano" refere-se especificamente ao gênero *Homo*, do qual o *Kenyanthropus platyops* não faz parte, mas *anthropus* implica humanidade, embora, em grego, signifique literalmente "homem", então não sei ao certo como representá-lo aqui. Trata-se de um hominini, que inclui tanto *Homo* — os humanos — quanto os australopitecíneos, cuja tradução é algo como "coisas do sul parecidas com macacos".

O LIVRO DOS HUMANOS

alguns argumentaram ser morfologicamente semelhante o suficiente ao australopiteco para sugerir que não é uma espécie à parte. Não sei se isso importa tanto, visto que nossas definições taxonômicas são turvas nessas fronteiras arbitrárias, e muitas suposições devem ser feitas em razão de os espécimes serem poucos e espaçados — fragmentos de mais de trezentos indivíduos australopitecíneos foram encontrados, mas só um *Kenyanthropus*.

Em 2015, uma equipe itinerante de pesquisadores da Universidade de Stony Brook, em Nova York, pegou o caminho errado em Lomekwi e acabou descobrindo um local cuja superfície estava coberta de detritos líticos que indicavam a confecção intencional de ferramentas. Após mais escavações, encontraram muitos outros fragmentos e as ferramentas em si. O terreno onde eles foram achados pôde ser datado com precisão, o que nem sempre é fácil, mas, nesse caso, foi possível graças às camadas de cinza vulcânica e ao fenômeno geológico de inversão dos polos magnéticos.* As ferramentas encontradas não são tão sofisticadas quanto o conjunto olduvaiense, mas são muito mais antigas, provavelmente com 3,3 milhões de anos. Em um caso, uma lasca lítica pôde ser combinada com a pedra a partir da qual foi extraída. É uma imagem poderosa: imagine uma pessoa simiesca sentada lascando intencionalmente uma pedra, com um propósito em mente. Talvez ele ou ela não tenha ficado feliz com o corte, descartando as duas metades e passando a trabalhar em alguma outra coisa. Ou talvez tenha sido perseguido(a) por algum predador voraz. E o material ficou ali, intocado, por mais de 3 milhões de anos.

---

* Os polos magnéticos estão em constante movimento, e já se alternaram muitas vezes na história do nosso planeta. Não sabemos ao certo o motivo e não conseguimos prever quando eles se inverterão. A mudança acontece ao longo de milhares de anos, e nenhum padrão foi ainda identificado para as vezes em que o norte e o sul magnéticos se inverteram. Mas essas inversões são registradas em fragmentos microscópicos de rochas e, portanto, são úteis para a datação quando da formação das rochas. O polo norte atualmente está se movendo para o sul a um ritmo de cerca de alguns quilômetros por ano, embora isso não seja nada com que devamos nos preocupar — é um processo muito lento para ter qualquer efeito perceptível por nós ou pelos inúmeros animais migratórios que têm magnetocepção e se orientam usando a polaridade da Terra.

FERRAMENTAS

Não sabemos quem produziu aquelas ferramentas, embora saibamos que foi uma criatura anterior à origem do gênero *Homo* — os humanos — por talvez 700 mil anos, e podem muito bem ter sido os quenianos de rosto chato. As ferramentas olduvaienses já foram encontradas em importantes sítios espalhados pela África, onde há outras evidências importantes da presença humana, inclusive em Koobi Fora, a leste do lago Turkana, no Quênia, e em Swartkrans e Sterkfontein, na África do Sul. Foram, ainda, descobertas na França, na Bulgária, na Rússia, na Espanha, e, em julho de 2018, no sul da China — a mais antiga já encontrada fora da África. A escala de tempo ao longo da qual essa tecnologia foi usada é imensa, cobrindo, talvez, mais de 1 milhão de anos.

Seixo talhado olduvaiense

Na nossa leitura da história da tecnologia dos humanos, as ferramentas olduvaienses foram substituídas por um novo conjunto formado por peças mais complexas. Milhares de quilômetros a leste da África, Saint--Acheul é um bairro residencial da região metropolitana de Amiens, cidade do norte francês onde, em 1859, um imenso lote de cabeças de machado definiria a indústria mais comum de toda a história humana. Elas não foram as primeiras desse tipo a serem descobertas — no final do século XVIII, exemplares semelhantes foram encontrados em um vilarejo de Suffolk, perto da agradável cidade de mercado de Diss —, mas são o tipo de espécimes do que hoje é conhecido como ferramentas acheulenses.

Os bifaces acheulenses foram produzidos com mais precisão do que seus ancestrais olduvaienses. Geralmente, têm formato de lágrima, são talhados em pontas afiadas e trabalhados em lâminas planas, muitas vezes dos dois lados. Eles também são maiores, com uma ponta cortante de cerca de 20 centímetros, enquanto a típica lâmina olduvaiense tinha apenas 5 centímetros. Representam o fruto de uma capacidade cognitiva focada em criar de fato uma ferramenta, ou uma arma, e requerem coordenação visual e manual, além de um grau ainda maior de presciência e planejamento. A lascagem de uma pedra ocorre em várias fases, à medida que a forma inicial é trabalhada, e depois a lâmina é afinada e afiada com uma segunda etapa de delicada talha lítica. Experimente fazer isso da próxima vez em que estiver em uma praia com pedras, com a ajuda de uma pederneira. É um processo difícil e que requer habilidade; basta um golpe indelicado ou no ponto errado para quebrar fatalmente a pedra — e talvez seus dedos.

Vemos um aumento da simetria nessas lâminas à medida que o cérebro vai crescendo ao longo do tempo evolucionário. Os instrumentos são encontrados distribuídos ao redor do mundo e entre espécies. De 2015 em diante, as ferramentas acheulenses mais antigas passaram a ser descobertas na Garganta de Olduvai, lar (pelo menos no nome) da tecnologia que elas substituíram, mas são também encontradas por toda a Europa e Ásia. O *Homo erectus* talhava essas lâminas, assim como outros humanos primitivos, tais como o *Homo ergaster*, os neandertais e os primeiros *Homo sapiens*. Eles as usavam para caçar, abater animais, extrair carne de peles e ossos, e talhar esses ossos. Elas serviam como pontas de lança, e alguns pesquisadores sugerem que, às vezes, acabavam não sendo utilizadas de acordo com o propósito original, mas em cerimônias, ou até como moeda de troca.

FERRAMENTAS

As ferramentas acheulenses são a forma dominante de tecnologia da história humana. Embora tenha havido pequenos refinamentos ao longo do tempo, é fascinante como essas lâminas são estáveis. Muitas pessoas hoje usam telefones ou dirigem carros, têm óculos de leitura ou usam xícaras, mas, em termos de longevidade, nada chega perto das ferramentas acheulenses. Definimos esse período pela tecnologia. O período Paleolítico vai de 2,6 milhões de anos atrás até 10 mil anos atrás. Paleolítico significa "pedra velha", o que pode ser um pouco irônico, pois muito do que estava sendo criado a partir daquelas pedras trabalhadas provavelmente era madeira e osso.

Então, algumas décadas atrás, o gênero *Homo* foi definido pelas ferramentas. Mas agora sabemos que símios anteriores, que não chamamos de humanos, também usavam objetos de pedra. Portanto, só nos resta concluir que, historicamente, o uso de ferramentas não se limitou aos humanos. Isso é comprovado por exemplos de animais não humanos que hoje utilizam ferramentas, conforme veremos mais adiante. Para esses animais, a matéria-prima para a tecnologia muitas vezes não é pedra, mas colhida de árvores, e não há razão para supor que os humanos primitivos também não fizessem instrumentos a partir de madeira. Esta, é claro, é biodegradável, e temos poucos vestígios físicos de madeiras trabalhadas pré-históricas. Há um sítio belíssimo na Toscana, norte da Itália, que revelou alguns dos melhores exemplos da carpintaria antiga. Trata-se de fragmentos de buxo, com cerca de 170 mil anos, espalhados ao lado de pedras acheulenses e ossos de um elefante de presas retas extinto, o *Palaeoloxodon antiquus*. Duas lanças foram encontradas em outras localidades, entre elas a cidade litorânea de Clacton, em Essex, mas esses vestígios toscanos provavelmente são varas multiuso, e exibem evidências de terem sido trabalhadas, em parte pelo uso do fogo. O buxo é compacto e pouco maleável, e as varas demonstram ter tido a casca retirada com um raspador de pedra, e talvez tenham sido queimadas para a remoção de fibras ou nós adicionais. Quem entalhou essas lanças e varas de cavar? O tempo e o local colocam esse trabalho de carpintaria diretamente nas mãos dos neandertais.

O LIVRO DOS HUMANOS

Essas ferramentas de madeira são poucas e espaçadas, especialmente no que diz respeito àquela era. Então, quando se trata de convenções de nomenclatura, trabalhamos com as evidências disponíveis, e o que se sucede à idade antiga da pedra é a idade média da pedra, um período de 5 mil anos que chamamos de Mesolítico, seguido pelo Neolítico, e depois pela era que conduz ao presente.

O Paleolítico cobre tanto o período das ferramentas olduvaienses quanto o das acheulenses, e, combinados, esses períodos representam mais de 95% da história da tecnologia humana. Há uma mudança mensurável entre os dois tipos, mas, fora isso, a caixa de ferramentas dos seres humanos muda muito pouco por dois períodos de mais de um milhão de anos cada. Não há grandes saltos em desenvolvimento. Os humanos migraram pelo mundo durante esse tempo, chegando até a Indonésia e se espalhando pela Europa e Ásia. Nós os vemos mudarem lentamente em anatomia, em espécies e em distribuição global, mas a tecnologia permanece reconhecível.

Com as ferramentas de Lomekwi datadas de 3,3 milhões de anos, vale destacar que esses primeiros povos tecnológicos talvez já estivessem 4 milhões de anos à frente da separação entre nossos ramos evolucionários e os dos chimpanzés, bonobos e outros hominídeos. Todos usam ferramentas hoje, o que abordaremos em algumas páginas. O que ainda é uma incógnita é a continuidade do uso cultural de ferramentas. Os humanos acumulam conhecimentos e habilidades, que transmitem ao longo do tempo, em geral sem perder as competências adquiridas. Não costumamos inventar a mesma tecnologia repetidas vezes. Mas será que todos os hominídeos usaram ferramentas continuamente desde essa divergência, ou o uso de ferramentas foi esquecido e reinventado inúmeras vezes? Isso não está claro, e talvez seja impossível precisar, já que há poucas evidências de outros hominídeos que trabalhavam pedras, ainda que usassem ferramentas de madeira, as quais não são tão bem preservadas nos registros fósseis. Com o advento da tecnologia olduvaiense básica entre ancestrais anteriores aos humanos, mas

FERRAMENTAS

surgidos depois da separação entre os hominídeos que evoluiriam até se tornar quem nós somos e aqueles que se transformariam em gorilas, chimpanzés e orangotangos, estamos testemunhando uma capacidade de manipulação deliberada de objetos externos para propósitos específicos que excede a de qualquer animal — incluindo todos os outros hominídeos — em uma grande margem.

O que é necessário
para ser um criador

A escala da diferença entre nós e os outros hominídeos é importante se considerarmos nossas habilidades parte de um grande salto. Produzir uma ferramenta requer presciência e imaginação, o que precisa ser traduzido em delicados atos de coordenação motora. É muita capacidade mental a ser contemplada. Mas também devemos considerar a destreza que ela permite. Ao pensar em tecnologia, precisamos falar sobre a anatomia tanto dos cérebros quanto dos corpos. Nossas mãos são incrivelmente complexas. A robótica tenta modelar os graus de liberdade que a mão humana tem — mais de vinte, talvez trinta — para simular o que somos capazes de fazer sem pensar muito. Considere, por exemplo, a precisão fascinante da destreza que Kyung Wha Chung exibe ao tocar o Concerto para Violino de Bruch. Ou quando Shane Warne fazia um arremesso tão ultrajante de uma bola de críquete que sua trajetória mudava quase noventa graus quando ela batia no chão, enganando completamente os melhores rebatedores do mundo. Conjurar tal magia nos músculos de nossos dedos e polegares, mãos e pulsos requer uma grande dose de processamento neurológico, não apenas em termos de coordenação motora, mas também de intenção.

FERRAMENTAS

Temos um cérebro incomumente grande. Ele também apresenta dobras e ameias em quantidade e grau únicos, o que significa que a densidade de conexões entre as células é extremamente alta e aumenta a área da superfície de nosso córtex cerebral, ao qual o comportamento moderno costuma ser associado. Há inúmeras métricas que podem ser aplicadas ao cérebro, e ficamos próximos, mas não no topo da maioria.

Não temos o maior cérebro, visto que, em geral, eles aumentam em tamanho assim como os corpos. As baleias-azuis provavelmente são os maiores animais que já existiram, mas os cachalotes têm o cérebro mais pesado, com cerca de monstruosos 8 kg. Em terra, o campeão dos cérebros peso-pesado é o elefante africano. Em termos de número absoluto de neurônios, os elefantes africanos também vêm em primeiro lugar com absurdos 250 bilhões, número três vezes maior do que o nosso, colocando-nos em segundo com algo em torno de 86 bilhões. Em comparação, os nematódeos *Caenorhabditis elegans* são amados entre os biólogos por muitas razões, entre as quais o fato de termos mapeado o caminho de cada célula em seu organismo à medida que eles amadurecem de um único ovo fertilizado para um verme adulto. Todo o seu sistema nervoso é composto de exatas 302 células. Mas não nos enganemos: eles têm basicamente o mesmo número de genes que nós, mas nos superam, são mais numerosos, e, em termos de longevidade evolucionária, viverão centenas de milhões de anos a mais do que nossa espécie.

O córtex cerebral dos mamíferos é de interesse particular por concentrar pensamento e comportamentos complexos, mas também ficamos em segundo lugar nessa categoria, desta vez abaixo da baleia-piloto-de-aleta-longa; ela tem mais que o dobro do número de células em seu córtex. Nessa escala, os elefantes africanos ficam abaixo dos hominídeos, de quatro espécies de baleia, de uma foca e de um golfinho.

Tentamos comparar semelhantes nesses tipos de jogos científicos. Afinal de contas, as mulheres, em média, são menores do que os homens, e seu cérebro também é proporcionalmente menor, embora — nunca é demais enfatizar — isso não represente, de forma alguma, diferenças mensuráveis em capacidades cognitivas ou comportamento. Portanto, talvez a compa-

O LIVRO DOS HUMANOS

ração do cérebro à massa corporal seja uma métrica mais útil na tentativa de se estabelecer uma base neurológica para a capacidade mental.

Aristóteles pensava que éramos os líderes absolutos nessa medida, afirmando em seu livro precisamente intitulado *Partes dos animais* que, "De todos os animais, o homem tem o maior cérebro em proporção ao seu tamanho". Aristóteles foi um tremendo cientista, além de ser mais conhecido como filósofo, mas estava errado nisso. De novo, estamos próximos, mas não no topo; as formigas e os musaranhos ganham de nós. Foi um cientista melhor do que Aristóteles que, em 1871, descobriu isso. Mais uma vez, foi Charles Darwin, em *A origem do homem e a seleção sexual*:

> É certo que deve haver uma atividade mental extraordinária com uma massa absoluta extremamente pequena de matéria nervosa: assim, os instintos, capacidades mentais e emoções incrivelmente diversificados das formigas são notórios, ainda que seus gânglios cerebrais sejam do tamanho de um quarto da cabeça de um pequeno alfinete. Desse ponto de vista, o cérebro de uma formiga é um dos mais maravilhosos átomos do mundo, talvez até mais do que o cérebro humano.

O cérebro representa apenas cerca de 450 gramas para cada 18 quilos (por volta de 2%) de nossa massa corporal total, aproximadamente a mesma proporção observada nos roedores e muito maior do que nos elefantes: por volta de 1:560. O recorde da menor proporção entre cérebro e corpo é de um peixe semelhante à enguia chamado *Acanthonus armatus*. Como se essa ignomínia não fosse suficiente, seu nome popular é peixe-bunda de orelha ossuda.

Na década de 1960, inventamos um método mais elaborado de cálculo da capacidade cerebral. O quociente de encefalização (QE) registra com eficácia a proporção entre o tamanho real do cérebro comparado à sua massa prevista com base no tamanho da criatura. Isso nos permite classificar os animais de forma mais apropriada em relação à comple-

FERRAMENTAS

xidade observada dos comportamentos, e, desse modo, esperamos ter uma compreensão mais precisa da porção do cérebro envolvida em tarefas cognitivas — a escala entre o cérebro e o tamanho do corpo ou complexidade comportamental não é perfeita. O método só funciona de verdade para os mamíferos, e, pasmem, os humanos ficam no topo. Diferentes tipos de golfinho vêm em seguida, sucedidos pelas orcas, chimpanzés e pelo gênero *Macaca*.

O problema é que cérebros maiores não necessariamente equivalem a mais neurônios. A densidade das células é um aspecto da fisiologia da cognição, mas existem inúmeros tipos de células em nossa cabeça, e todos são importantes. Costuma-se dizer que só usamos 10% do nosso cérebro (o que resulta na conclusão "imagine o que poderíamos fazer se usássemos tudo!").* Isso é uma grande besteira, não passa de lenda urbana. Todas as partes do nosso cérebro são usadas, embora nem todas com a mesma ferocidade a todo tempo. Não existe uma grande fatia de disco rígido parado apenas aguardando estímulo. As complexidades do pensamento e da ação baseiam-se nos vários tipos de células que estão funcionalmente conectadas de formas que não compreendemos ainda, e a densidade celular não é fator único nem definitivo para a determinação da capacidade de processamento cognitivo. Um estudo de 2007 também apontou falhas na precisão do QE, demonstrando que, se desconsiderássemos os seres humanos, o tamanho absoluto do cérebro seria um melhor indicador da capacidade cognitiva, e o tamanho relativo do córtex faria pouca diferença.

Assim como ocorre em tantas áreas da biologia, não existe uma resposta simples para a questão de como cérebros, ferramentas e inteligência estão relacionados. Estamos lidando com uma das áreas de pesquisa mais complexas aqui: a neurociência é um campo relativamente novo, ao menos quando se trata de obtermos uma compreensão precisa de quais

---

* "Imagine se pudéssemos usar 100%" é uma fala cheia de gravidade de um tipicamente augusto Morgan Freeman no filme *Lucy*, de 2014. A protagonista, Scarlett Johansson, ganha acesso aos outros 90% e adquire telepatia, telecinesia, a capacidade de encontrar, de alguma maneira, seu homônimo australopitecíneo e até testemunhar o Big Bang. É uma bobagem cientificamente analfabeta, e muito recomendado por essa razão.

e de como células específicas do cérebro têm relação com o pensamento ou as ações; a psicologia comportamental e a etologia são ciências complicadas, pois é difícil conduzir experimentos — existem limites éticos a serem considerados em experiências com pessoas — e as observações na natureza são inerentemente limitadas.

Tamanho, densidade, proporção entre o tamanho do cérebro e a massa corporal, quantidade de neurônios — todos esses fatores são importantes, e nenhum parece ser decisivo para nos destacar como maestros intelectuais. Pode parecer que estou sendo cínico a respeito dessas métricas, mas sou apenas crítico em relação à confiança excessiva em qualquer uma delas. Cérebros grandes são, claramente, cruciais para a sofisticação comportamental. Mas não depende só dos cérebros, seja qual for o método de avaliação utilizado. A evolução ocorre de acordo com as pressões ambientais às quais cada um está submetido, e não é, de forma alguma, um caminho predestinado ao tipo de complexidade que desenvolvemos. A baleia-piloto-de-aleta-longa, com seu neocórtex lotado de células, nunca inventará violinos, pois não tem dedos.

Nesse sentido, parte da resposta à pergunta de como desenvolvemos habilidades artesanais para produzir ferramentas é: sorte. Nosso ambiente e nossa evolução fizeram com que a destreza manual e cérebros com a sofisticação necessária para produzir e tocar um violino (muito lá na frente) fossem favorecidos, estimulados e desenvolvidos pela seleção natural. Acontece que, como veremos mais à frente, dezenas de animais usam ferramentas e tecnologia, mas só nós chegamos ao nível de sofisticação extrema que hoje é tão natural para nossa espécie. Foi a evolução conjunta de mente, cérebro e mãos que nos levou a usar varetas, pedras cortadas, refinar as lâminas e, após longos períodos de estagnação, desenvolver nossas proezas tecnológicas ao ponto de podermos fazer estátuas, instrumentos musicais e armas que tornaram os recursos ainda mais disponíveis. Apesar de alguns animais terem cérebro de complexidade semelhante, nenhum chegou perto da nossa habilidade de produzir ferramentas por muitos milhões de anos.

Animais equipados

A verdade é que quase nenhum animal usa algum tipo de tecnologia. Os animais que usam ferramentas representam menos de 1% das espécies. Porém, embora a adoção de objetos externos para a ampliação das capacidades de uma criatura esteja limitada em números absolutos, existe uma diversidade que engloba vários grupos taxonômicos: o uso de ferramentas foi documentado em nove classes de animais — ouriços-do-mar, insetos, aranhas, caranguejos, caracóis, polvos, peixes, pássaros e mamíferos.

Pela definição acima — de que uma ferramenta é um objeto externo manipulado como uma extensão intencional do corpo do usuário —, vale a pena pensarmos em como esse 1% das espécies amplia suas capacidades por meio da tecnologia. Eis alguns dos exemplos mais interessantes.

PROCESSADORES DE ALIMENTOS

Muitos animais usam a tecnologia para ter acesso a alimentos ou para transformá-los em algo mais palatável. A prática mais comum é o uso de pedras para quebrar ou arrancar alimentos de seu contêiner natural. Muitos primatas do gênero *Macaca* comem caranguejos e moluscos bivalves como aperitivos, abrindo as carapaças com pedras. Eles também selecionam pedras específicas de acordo com o tipo de alimento. A

O LIVRO DOS HUMANOS

lontra-marinha faz, basicamente, o mesmo, enquanto flutua de costas e usa a própria barriga como apoio. Macacos-prego, chimpanzés, mandris e outros primatas quebram nozes com pedras, e alguns extraem as partes comestíveis das cascas com varetas pontiagudas. Chimpanzés da Guiné-Bissau usam pedras para abrir e cortar o fruto da treculia — que é grande e duro como uma bola de futebol.

Gravetos são a tecnologia mais comum usada por muitas espécies, para cutucar, colher, extrair, coçar, cavar, arrastar e investigar. A decana da etologia dos primatas, Jane Goodall, administra uma estação de campo no Parque Nacional Gombe Stream, Tanzânia, há mais de cinquenta anos, e foi a primeira a observar um chimpanzé modificar um pedaço de pau para seu uso subsequente no processamento de alimentos — nesse caso, na pesca de cupins. David Greybeard era seu nome, e em 1960, Goodall observou-o arrancar as folhas do galho de uma muda e enfiá-lo em um buraco de cupins. Perplexa, ela experimentou fazer o mesmo, e viu que os cupins subiam no graveto; Greybeard comia todos eles. Os chimpanzés também usam gravetos para extrair mel de colmeias e para expulsar abelhas raivosas na defesa de suas casas e de sua comida.

Os orangotangos gostam de peixes, e parecem gostar de pescar. Às vezes, coletam peixes mortos nas margens dos rios, mas já foram vistos cutucando-os nos trechos de água mais rasa, assim, eles viram e acabam em suas mãos. Também já foram vistos tentando — mas, pelo que temos observado até hoje, sem sucesso — capturar peixes cravando neles pedaços de pau afiados como dentes; é possível que seja um comportamento que viram e copiaram dos humanos. Se for verdade, é um exemplo de traço cultural transmitido não só entre indivíduos, mas entre indivíduos de espécies diferentes.

FIOS DE PRUMO

Orangotangos e gorilas congolenses vivem em florestas densas, muitas vezes perto de lagos ou riachos que podem precisar atravessar. Dos hominídeos, apenas os humanos são bípedes habituais, o que significa que só nós andamos exclusivamente sobre os membros posteriores. Os outros hominídeos que vivem na atualidade são quadrúpedes habituais e andam sobre os nós dos dedos, embora sejam capazes de andar como bípedes, mas não por muito tempo nem com muito conforto. Não é fácil atravessar a água sendo quadrúpede, pois a cabeça pode acabar submersa, o que pode ser traiçoeiro, visto que o chão não é visível nem plano. Tanto orangotangos quanto gorilas já foram vistos selecionando gravetos e testando a profundidade e o relevo do terreno a fim de determinarem um caminho para fazer a travessia. Os gorilas também podem usá-los como bengalas que lhes servem de suporte ao atravessarem o solo irregular de lagos e riachos.

PROPÓSITO GERAL

Folhas são tão importantes quanto gravetos. Os orangotangos parecem gostar mais de galhos frondosos, e já foram vistos usando folhas como luvas ao segurarem frutas espinhosas, como chapéus quando chove, como almofadas ao se sentarem em árvores com espinhos, além de adaptarem ramos para auxiliar na masturbação. Os gorilas empunham ramos para afugentar rivais antes de iniciarem uma briga. Os chimpanzés usam camadas de folhas como uma espécie de esponja para beber. Os elefantes arrancam cuidadosamente galhos de árvores com suas trombas e os usam para espantar moscas. Os cuidados com a pele dos ursos-pardos incluem o uso de pedras cobertas de cirrípedes para a esfoliação quando estão na muda. Em termos mais simples, esses são todos os exemplos de animais que usam os elementos inanimados de seu ambiente para ampliar sua capacidade física. Tanto nos casos em que esses objetos são adaptados quanto nos casos em que são usados como encontrados, todos se qualificam como ferramentas.

Golfinhos que usam esponjas

Todos sabem como os golfinhos são inteligentes. Eles fazem truques, resgatam nadadores e são lendariamente prestativos. Em todas as métricas da neurociência já mencionadas, os cetáceos (e, em particular, os golfinhos) têm ótimas pontuações. Contudo, apesar do cérebro grande e dos comportamentos sociais complexos, além dos comportamentos sexuais sofisticados e desagradáveis (que veremos logo a seguir) e das habilidades de comunicação, os golfinhos só têm nadadeiras.

Das quarenta espécies atuais de golfinhos, todas têm nadadeiras dianteiras cujos ossos são muito parecidos com os ossos das nossas mãos, quase idênticos, uma característica que também compartilhamos com os membros dianteiros dos cavalos e com as asas dos morcegos. Isso mostra, de forma inequívoca, nossa ancestralidade relativamente recente como mamíferos.* Mas os golfinhos não têm nenhuma musculatura que permita uma destreza diferenciada, e as nadadeiras são fundidas como um remo plano, apesar de conterem em seu interior os ossos equivalentes a dedos. Elas não fazem muito mais do que bater para a frente e para trás,

---

* A evolução dos cetáceos é uma das trajetórias evolucionárias mais fascinantes e amplas que conhecemos. Os animais que se tornariam baleias, golfinhos e outros mamíferos aquáticos dividiram-se em um ramo diferente dos que se tornariam artiodátilos cerca de 50 milhões de anos atrás. Isso significa que o parente terrestre mais próximo das baleias é o hipopótamo.

FERRAMENTAS

ajudando a impulsionar seu dono na água. Precisamos admitir que, por mais habilidosos que sejam na natação, há poucos exemplos de usos de ferramentas que não requerem segurar um objeto externo a fim de manipulá-lo. Por causa de suas nadadeiras, golfinhos, baleias, marsuínos e outros cetáceos não são muito bons nisso.

Isso, mais uma vez, serve para lembrar que cérebros grandes são necessários, mas não suficientes para levar uma espécie à proeza tecnológica. Temos nossas mãos e nosso cérebro, enquanto os chimpanzés usam mãos, dentes e lábios para adaptar gravetos. Os cetáceos têm um controle muscular mínimo de suas mandíbulas, e não têm mãos. Até então, o único exemplo real de uso de ferramentas observado nesses mamíferos de cérebro grande e extremamente inteligentes é proveniente da Austrália, mas, ainda assim, é impressionante e importante.

Os golfinhos-nariz-de-garrafa de lá fazem algo incomum: eles exploram outro animal como ferramenta. As esponjas são metazoários basais, o que significa que estão entre os seres menos sofisticados do reino animal, e não têm sistema nervoso nem células cerebrais. Esses golfinhos de Shark Bay encaixam esponjas nos bicos. Cerca de 3/5 dos golfinhos da área usam esponjas, e os pesquisadores acreditam que eles fazem isso para proteger os bicos — mais tecnicamente, o rostro — enquanto caçam ouriços-do-mar, caranguejos e outros animais com carapaças que se escondem no escarpado assoalho oceânico. Eles também selecionam especificamente esponjas em forma de cone, que parecem se encaixar melhor e com mais conforto em seus bicos. Um animal usa outro para comer um terceiro.

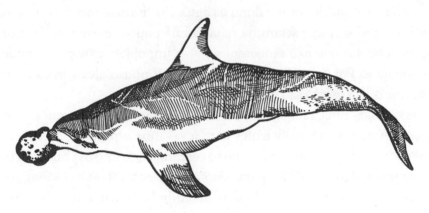

Golfinho usando esponja

Os golfinhos que usam esponjas, portanto, têm uma dieta muito diferente dos que não usam, mesmo habitando os mesmos ambientes. Ambos caçam nas mesmas áreas, então podemos afirmar que essa diferença não se deve a fatores ecológicos — é como se eles frequentassem o mesmo self-service, mas escolhessem alimentos diferentes porque um usa pauzinhos.

Como eles manejam a esponja e o que comem, contudo, é apenas uma pequena parte da história. Existem peculiaridades fascinantes a serem levadas em conta nessa prática, provenientes do fato de que a grande maioria dos golfinhos que usam esponjas são fêmeas. Elas cruzam com machos que não são adeptos da prática, e as fêmeas geradas também passam a usar esponjas.

Conforme mencionado, aqui vemos a transmissão biológica e a transmissão cultural por meio do aprendizado. Alguns comportamentos estão codificados no DNA, enquanto outros são adquiridos, ainda que construídos sobre uma estrutura genética e fisiológica que permite o desenvolvimento de tal traço. Os cientistas que estudam essa população de golfinhos desde a década de 1980 fizeram biópsias daqueles que usam esponjas para tentar identificar uma base genética para sua ferramenta de caça incomum, e não encontraram nada. O uso de esponjas pelos golfinhos não parece estar codificado no DNA. É

FERRAMENTAS

uma prática inteiramente aprendida. Ao extraírem amostras do DNA dos golfinhos que usam esponjas, os cientistas também conseguiram estabelecer uma relação entre todos, o que revelou algo interessante. O uso de esponjas parece ser proveniente de um único golfinho fêmea que viveu cerca de 180 anos atrás, duas ou três gerações anteriores. A partir de agora, nos referiremos a essa inovadora como "Eva das Esponjas". Conseguimos observar a relação nesse grupo, além da transmissão da prática, mas também que ela não é geneticamente herdada. Isso significa que se trata de uma transmissão cultural do uso de uma ferramenta. Esse é o primeiro caso conhecido entre os cetáceos. As filhas aprendem a usar esponjas com as mães.

Como o uso de esponjas é uma adaptação cultural, representa um enigma evolutivo, visto que os usuários de esponjas não parecem se reproduzir a uma proporção maior do que os que não as usam. Isso sugere que o comportamento não confere nenhum grande benefício ou custo. No entanto, entre todos os casos documentados do uso de ferramentas entre os animais, não houve nenhuma análise do efeito que ele tem para a aptidão reprodutiva, que é a ideia-chave da biologia evolucionista — características que aumentam os números e a sobrevivência da prole têm mais probabilidade de serem selecionadas. As teorias de Darwin foram formalizadas na primeira metade do século XX pela aplicação da análise matemática às observações da natureza. Não era mais suficiente afirmar que "o pescoço da girafa é do jeito que é porque o maior comprimento foi selecionado como um traço vantajoso para alcançar folhas suculentas" (ver página 119). Poderíamos analisar e modelar uma vantagem em potencial observando como ela foi transmitida de uma geração a outra, e se foi adiante e se multiplicou. Até onde sei, há uma escassez desse padrão de teste no que diz respeito ao uso de ferramentas.

A transmissão cultural é um conceito extremamente importante na nossa própria evolução. Além dos humanos, até então, ela foi vista nos golfinhos, em alguns pássaros e alguns macacos. Existe uma distinção artificial entre a evolução biológica, que geralmente significa codificação genética, e a evolução cultural, que geralmente significa algo ensinado

O LIVRO DOS HUMANOS

ou aprendido. Comportamento instintivo é saber que um alimento coberto por fungos provavelmente é prejudicial à saúde; comportamento aprendido é reconhecer que queijo azul envelhecido é delicioso. Essas duas facetas não são independentes uma da outra, pois o comportamento aprendido precisa ser desenvolvido sobre uma estrutura biológica capaz de adquirir e processar esse conhecimento. Um animal precisa de um cérebro grande para receber esse tipo de instrução e colocá-la em prática.

A transmissão cultural também requer inovação, e isso é muito raro. Chegaremos às nossas fantásticas capacidades nessa área em breve.

Os pássaros

É notável o fato de que quase todos os exemplos citados anteriormente são de mamíferos, a maioria primatas. Os cérebros dos mamíferos são, em geral, maiores do que os de outros vertebrados, e também diferem por terem um prosencéfalo grande, cheio de estruturas muito especificamente relacionadas aos comportamentos complexos que se associam aos mamíferos. Como já discutimos, tamanho não é tudo. Já dissequei muitos cérebros de porco — criatura que costuma ser considerada inteligente e sociável. Seu cérebro é relativamente pequeno, do tamanho de uma ameixa, mas protegido por um crânio espesso. Se você for passar grande parte da vida batendo a cabeça nas coisas, recomenda-se um crânio robusto.

O cérebro da arara é mais ou menos do tamanho de uma noz pequena, o que, para um pássaro, é bem grande. Os pássaros são um grupo grande de animais, descendentes diretos dos terópodes, que incluem o *T. rex*, o ainda mais assustador giganotossauro e o muito mais parecido com um pássaro, arqueopterix (os pesquisadores consideram os pássaros dinossauros avianos). Sabemos que, assim como os mamíferos pequenos, os pássaros sofreram uma diversificação maciça depois da queda do meteorito na costa do que hoje é o México, 66 milhões de anos atrás, provocando a extinção dos dinossauros grandes. Existem hoje 9 mil espécies de pássaros, o que equivale a quase o dobro do número de espécies de mamíferos. Com um grupo tão grande, há uma diversidade enorme: o menor é o beija-flor-de-helena, que pesa aproximadamente o mesmo que meia colher de açúcar, e o maior é o avestruz (a ave-elefante de Madagascar era maior ainda, com 3 metros de altura e meia tonelada, mas foi extinta cerca de mil anos atrás, sobretudo porque a comemos). Todos os pássaros da atualidade têm penas, não têm dentes e põem ovos de casca dura.

Quando se trata de comportamento cognitivo, nossa atenção se concentrou historicamente nos animais mais próximos e nos que mais nos atraem. Isso significa que estudamos primatas, cetáceos e elefantes mais do que qualquer outra coisa. Nos últimos tempos, porém, voltamos nossa atenção para os membros da família Corvidae e para os papagaios, e por uma boa razão. Os corvos e as gralhas-calvas parecem estar léguas à frente da maioria de seus parentes pássaros quando falamos de habilidades sociais e ferramentas (as aves de rapina parecem ter suas próprias habilidades, e chegaremos a elas mais abaixo).

Os corvos da Nova Caledônia são os reis e rainhas da tecnologia aviária. Eles são conhecidos não só por usarem varetas para extrair larvas de troncos e cascas de árvore podres, mas também por produzirem as ferramentas. Em condições de laboratório e na natureza, os corvos tiram as folhas de um graveto, geralmente de 10 ou 13 centímetros, até que ele fique reto e preciso, usando-o para explorar e procurar comida. Essa é uma ação instintiva — um bando de corvos criados em cativeiro, que nunca havia visto tal comportamento em outro grupo, foi observado produzindo e usando esses gravetos. Também sabemos que ganchos são melhores do que estacas. Esses corvos produzem e usam ferramentas curvadas para extrair larvas e transportá-las nos ganchos. Em experimentos em que uma ferramenta foi colocada fora do alcance, mas em um local visível, eles usaram um graveto mais curto para pegar o outro graveto. O uso de uma ferramenta para transportar um segundo objeto é algo quase inédito em animais não humanos, bem como o uso de uma ferramenta em outra (uma "metaferramenta"). Isso demonstra um nível

FERRAMENTAS

incrível de raciocínio analógico, que lhes permite pensar alguns passos à frente: *Sei que o graveto comprido pode ser usado para pegar comida; o graveto curto pode ser usado para pegar o comprido?*

Embora eu já tenha mencionado que, atualmente, não existem muitos métodos acessíveis de análise quantitativa dos benefícios evolucionários do uso de ferramentas, um estudo conduzido em 2018 forneceu números úteis a respeito dos corvos da Nova Caledônia. Corvos com ferramentas curvadas foram cronometrados para que se pudesse verificar o quão rápido eram capazes de extrair minhocas ou larvas de um orifício apertado, ou aranhas de um orifício largo. Quando usavam gravetos com ganchos, eles extraíam a comida até nove vezes mais rápido do que quando utilizavam gravetos retos. Isso não é uma métrica direta do sucesso reprodutivo, mas a eficiência na coleta ou na caça de alimentos é exatamente o tipo de coisa que tem um efeito muito positivo na reprodução: você pode passar mais tempo coletando e conseguir mais comida, o que o torna um parceiro em potencial mais saudável e atrativo.

Os ganchos são uma importante inovação tecnológica. Basta perguntar a qualquer pescador. Os orangotangos podem pescar com as mãos, ou até com lanças simples e retas, mas um gancho é muito melhor para capturar presas do que uma estaca. Talvez tenha sido assim que os humanos do Paleolítico começaram a capturar peixes em vez de simplesmente coletá-los. Temos conhecimento de uma rica cultura humana primitiva que usava o que podia ser coletado no litoral da caverna Blombos, na África do Sul, há pelo menos 70 mil anos. Isso inclui dezenas de vestígios de búzios grossos furados com cuidado para se tornarem contas, talvez para um colar — provavelmente, os primeiros exemplos de joias. A costa contém uma abundância de vida comestível, e sem dúvida, naquela época, comíamos frutos do mar sésseis — isto é, imóveis, como moluscos que não podem fugir nadando. É um bufê diferente da caça. Os primeiros ganchos, até onde sabemos, foram feitos a partir de moluscos no Japão. Eles foram encontrados na ilha de Okinawa, cuidadosamente esculpidos nas bases planas de conchas diferentes, as do trochus, por volta de 23 mil anos atrás. Dos dois exemplos

O LIVRO DOS HUMANOS

que temos, um deles é um crescente quase perfeitamente preservado, com uma extremidade afiada que ainda poderia cortar carne. Embora sejam os mais antigos, e é provável que representem uma tecnologia madura, os exemplos são descobertas importantes para o mapeamento do nosso desenvolvimento: os ganchos de pescaria, entre outras coisas, demonstram como se deu a nossa bem-sucedida colonização em arquipélagos, e uma capacidade de caçarmos as recompensas dos oceanos, em vez de apenas coletá-las.

Ninguém imaginaria que a capacidade de esculpir um gancho a partir de uma concha cônica pudesse estar codificada no nosso DNA. Essa é uma habilidade que precisa ser ensinada, ou aprendida, ou transmitida através de uma subcultura dentre a extensa amplitude de vivências de nossos ancestrais. Mais uma vez, a transmissão cultural de uma ideia emerge como algo de que precisamos para explorar nossa evolução. Esse tipo de transmissão de ideias não é uma característica exclusivamente nossa — como foi visto no caso dos golfinhos que usam esponjas em Shark Bay. Tampouco é limitada à tecnologia.

O comportamento cognitivo social do corvo é ainda mais intrigante. Eles parecem ser capazes não apenas de reconhecer rostos humanos, mas de fazer distinção entre as pessoas que olham para eles e as que olham em outra direção. É um experimento simples: os cientistas se aproximaram de um bando de corvos em Seattle em 2013, olhando diretamente para eles ou não. Como apostadores em um pub barra-pesada numa noite de sábado, os pássaros se dispersavam muito mais depressa quando eram encarados. Talvez essa seja uma adaptação recente para a vida nas cidades, mais próxima dos humanos, que nem sempre são uma ameaça. Fugir é trabalhoso — requer tempo e esforço, energia que poderia ser mais bem empregada na procura por comida. Pombos e outros pássaros com menos capacidades cognitivas do que os corvídeos simplesmente fogem em reação à aproximação, sem julgar a intenção da pessoa que se aproxima. O experimento seguinte feito com os corvos foi bizarro. Os pesquisadores se aproximaram dos pássaros usando uma de duas máscaras. As pessoas que usavam a primeira máscara passaram direto, mas as que usavam a

FERRAMENTAS

segunda capturaram os pássaros. Eles estavam condicionando os corvos a reconhecerem um rosto como ameaça e o outro como inofensivo. Cinco anos depois, retornaram ao mesmo local, ainda habitado pelos mesmos pássaros, além de outros mais jovens, entre os quais seus filhotes. A reação às duas máscaras foi a mesma. Eles pareciam se lembrar da ameaça, e, de algum modo, podem ter transmitido essa informação aos pássaros mais jovens. Se esses resultados estiverem corretos, ainda precisamos entender como essa transmissão de conhecimento funciona.

Apesar dessas capacidades, "cérebro de passarinho" ainda é um insulto. A origem dessa ofensa é desconhecida, mas sabemos que ela já era usada nos Estados Unidos na primeira metade do século XX, então é anterior ao nosso recente interesse pelo intelecto dos corvídeos. Talvez ela apenas provenha do fato de que pássaros têm cérebro pequeno, ou de que são distraídos e cheios de tiques, e de que o corpo das galinhas continua a funcionar durante algum tempo após a decapitação. Seja como for, essa afronta não se aplica mais. Sabia-se que a quantidade de neurônios necessária para as complexas vocalizações de qualquer pássaro cantante, ou até para as imitações cômicas das cacatuas e papagaios, era elevada, o que representava um enigma se levássemos em consideração o tamanho geral do cérebro desses animais. Em 2016, 28 espécies de pássaros tiveram a anatomia de seus cérebros analisada numa escala inédita. A base neurológica para as capacidades cognitivas dos pássaros mostrou-se relativamente simples: o que os pesquisadores descobriram foi que os neurônios apenas ficam mais compatibilizados. O prosencéfalo dos corvídeos e dos papagaios é comparativamente do mesmo tamanho que o dos hominídeos, e cheios de neurônios a uma densidade que, em alguns casos, é mais elevada que a dos primatas. Esse resultado pode ainda explicar o caso curioso dos inteligentes dinossauros avianos. Quanto ao insulto "cérebro de passarinho", disse o corvo: "Nunca mais."

Agora que sabemos que muitos animais de fato usam ferramentas, a questão mudou. Ao pensarmos nas nossas extremas habilidades tecnológicas, tão extremas que definiram nossa existência desde que começamos a lascar pedras até o laptop, deveríamos pensar menos no que a

O LIVRO DOS HUMANOS

ferramenta é e mais em como essas habilidades foram adquiridas. Os golfinhos não conseguirão adquirir destreza, tampouco o corvo batendo à porta do meu quarto usará uma ferramenta muito mais sofisticada do que um graveto adaptado.

Talvez não seja o uso em si que nos distingue deles. Talvez seja, antes, o fato de transmitirmos o conhecimento e as habilidades para a produção de ferramentas.

Em chamas, os anjos caíram

Existe uma ferramenta específica que vale a pena examinarmos com mais profundidade, pois é paradoxalmente destrutiva. O mundo tem queimado há bilhões de anos. O fogo é uma força incansável da natureza, uma reação química capaz de destruir tudo em seu caminho, desde as ligações moleculares que alimentam a combustão até a vida que expira em face de temperaturas que células vivas não toleram. As moléculas essenciais da biologia se contorcem e se desintegram, a água nas nossas células ferve. O fogo e a vida são incompatíveis.

Entretanto, o fogo faz parte do nosso ambiente e da nossa ecologia, e a capacidade de nos adaptarmos, controlarmos e usarmos essa força bruta é algo que moldou a evolução. Vivemos em um manto sobre um núcleo derretido e instável que cospe enxofre e rochas ígneas para o mundo desde antes do surgimento da vida. Aliás, hoje acreditamos que a ação da lava rompendo o assoalho oceânico 4 bilhões de anos atrás não foi apenas providencial, mas crucial para a formação dos berçários rochosos em que a química se transformou em biologia e a vida começou.*

---

* A melhor teoria que temos atualmente para a origem da vida está nas chamadas fumarolas brancas, fontes hidrotermais que surgiram a partir do assoalho oceânico durante o período Hadeano, cerca de 3,9 bilhões de anos atrás. Essas torres eram (e são, até hoje) formadas a partir de minerais do grupo olivina e permeadas por poros labirintiformes e canais formados pelo tumulto das rochas vivas logo abaixo. Nós as chamamos de "serpentinitos", e a presença de sulfeto de hidrogênio e outras substâncias químicas ionizadas entrando e saindo dessas câmaras microscópicas deu origem às primeiras células.

Nós não simplesmente adotamos o fogo; a vida nasceu a partir dele, e é moldada por ele.

Darwin descreveu a descoberta da arte de fazer fogo pelos seres humanos como "provavelmente a maior, com a exceção da linguagem". Talvez ele não esteja errado, embora hoje nós não dependamos tanto do fogo quanto durante o auge da tecnologia vitoriana, quando ele escreveu essas palavras, e talvez hoje não vejamos fogueiras e fornalhas com tanta frequência quanto ele via.

Queimamos a energia do sol presa tanto no carbono de madeira viva quanto no de madeira morta há tanto tempo que se tornou comprimida em carvão, e nas carcaças de animais que pereceram tanto tempo atrás que literalmente se transformaram em óleo. É na destruição das ligações físicas de moléculas de carbono antes vivas que o fogo libera sua energia. Isso moldou o mundo moderno, e, de modo perverso, hoje o ameaça, já que o dióxido de carbono que liberamos sem parar na atmosfera contém mais energia do que outros componentes do ar, e o efeito estufa aquece nosso mundo.

O fogo é uma ferramenta que transformou nossa existência por completo, não apenas na era industrial, mas muito antes de nosso tipo em particular de ser humano ter assumido a forma de que gozamos atualmente. Temos boas evidências de que o *Homo erectus*, o ser humano extremamente bem-sucedido que caminhou sobre a Terra entre 1,9 milhão e cerca de 140 mil anos atrás, era um usuário do fogo até certo ponto. As datas em que começaram a utilizar o fogo ainda são questão de debate. Examinar os sítios dos humanos primitivos é uma atividade difícil, e embora haja evidências moleculares de ossos e flora queimados que datam de 1,5 ou 1,7 milhão de anos (dependendo de onde examinarmos), estamos falando de sítios ao ar livre, portanto, não está claro se são resultado de incêndios florestais produzidos por raios ou vulcões locais ou de uso deliberado dos humanos da época. Alguns sugeriram que, com base no formato dos dentes e em outras

FERRAMENTAS

dimensões morfológicas, o *Homo erectus* já cozinhava os alimentos 1,9 milhão de anos atrás. A data segura mais antiga para o fogo em um contexto arqueológico é, provavelmente, há cerca de 1 milhão de anos, na caverna Wonderwerk, África do Sul.

Não importa quando e como a transição tenha ocorrido, os humanos passaram de um uso oportunista do fogo para um uso habitual, e, por fim, para amantes inveterados do fogo. Essa transição, tal como em todas as histórias da evolução humana, quase certamente ocorreu de forma lenta e incremental ao longo do tempo — não foi uma única centelha, mas muitas. Os arqueólogos não concordam sobre as primeiras evidências de uso controlado do fogo. Por outro lado, os arqueólogos não concordam sobre muitas coisas.

Cem mil anos atrás, ele já estava praticamente sob controle. Como fonte de calor e luz, o fogo vermelho do homem apresenta benefícios óbvios, assim como a capacidade não só de controlá-lo, mas de produzir fogo a partir de uma centelha. Em *O livro da selva*, o orangotango--chefe, rei Louie, expressa seu desejo de ser exatamente como você, especificamente por ter essa habilidade única dos seres humanos, e é sábio em cantar sobre isso. O impacto do fogo no desenvolvimento da humanidade é incomparável. Pudemos conquistar o norte com o fogo como fonte de calor, para além das zonas temperada e tropical onde nos desenvolvemos. Isso nos deu acesso a toda uma nova variedade de animais, tanto grandes quanto pequenos, para caçar, cozinhar e nos banquetearmos, bem como produzir ferramentas, roupas e arte a partir de suas carcaças. Como é o caso até hoje, a importância social de se reunir em torno de uma lareira ou fogueira não deve ser subestimada. Vínculos sociais são criados e consolidados ao redor do fogo, histórias são contadas, habilidades, transmitidas, e alimentos, preparados e compartilhados.

Somos o único animal que cozinha. Às vezes, a energia e os nutrientes estão nas profundezas dos vegetais e da carne que consumimos, e a digestão é o processo pelo qual eles são liberados. Ele pode ser químico

O LIVRO DOS HUMANOS

e mecânico. Os dentes podem ser usados para triturar, partir e mastigar, mas todos servem para alguma forma de maceração, processo pelo qual o alimento é quebrado a fim de se tornar mais acessível para enzimas que mastigam com precisão molecular. Muitos animais usam meios mecânicos artificiais para auxiliar na digestão. Os pássaros não têm dentes para triturar, mas têm moela — bolsas musculares em seus aparelhos digestivos, que algumas enchem com grãos que trituram o alimento, facilitando a digestão química. Nós os chamamos de "gastrólitos" — pedras estomacais —, e essa é uma prática primitiva. Os vestígios fossilizados de muitos dinossauros dos períodos Cretáceo e Jurássico foram encontrados com pedras polidas no interior de suas cavidades corporais, onde antes havia o tecido mole das moelas.

Nós terceirizamos parte das nossas capacidades digestivas tornando-as externas. Ao cozinhar os alimentos, quebramos as ligações de moléculas complexas, tornando-as mais fáceis de serem digeridas pelo nosso estômago. A carne é amaciada pelo calor. Alimentos mais moles também são mais rápidos de comer, já que passamos menos tempo mastigando um repolho cozido do que um cru, o que significa que acessamos nutrientes essenciais com mais eficiência. O jantar é um período de vulnerabilidade: quando seu rosto está ocupado ingerindo uma refeição, ele está menos alerta aos riscos predatórios. Passar menos tempo comendo significa menos tempo sendo potencialmente devorado.

Tudo isso torna o cozimento uma parte desejável e essencial da nossa evolução. Alguns pesquisadores já sugeriram que nos tornamos primatas entusiastas do fogo vivendo em meio à ecologia intermitentemente comburida e nos adaptando aos benefícios que isso traz. Alguns sugeriram que as origens do cozimento, ou, pelo menos, a compreensão de como o calor transforma o alimento, podem ter tido início com macacos coletando alimentos em terreno queimado. Se já é difícil assar um peru com perfeição em um forno do século XXI, então é razoável supormos que animais assados em incêndios florestais provavelmente ficam queimados ou crus. Mas pode ser que essas primeiras refeições quentes tenham dado origem à ideia de usar o calor para mudar a comida para melhor.

FERRAMENTAS

O outro benefício óbvio de se colocar em segurança ao lado de uma fornalha é que você pode ser presenteado com um êxodo de outros animais fugindo do perigo. Se esses animais forem interessantes como alimento, o fogo oferece um bufê boca-livre. Acreditamos que os macacos vervet sul-africanos fazem isso, e gozam de um acesso sem precedentes aos invertebrados que fogem do fogo para suas bocas. Também acreditamos que os macacos sabem muito bem disso, e ampliam seu escopo normal de coleta de alimento para regiões onde ocorrem incêndios florestais, especialmente após um incêndio recente. Há também uma série de outros benefícios para esse comportamento. Os macacos vervet ficam eretos sobre os membros traseiros para procurar predadores, e, portanto, podem enxergar por sobre a relva e as plantas. Quando elas são limpas por incêndios, eles podem ver mais longe. Em planícies queimadas, esses animais passam mais tempo se alimentando e alimentando seus filhotes, e menos tempo de pé à procura de algo que possa comê-los.

Nossos parentes ainda mais próximos, os chimpanzés da savana de Fongoli, Senegal, também vivem em meio ao fogo como parte de sua ecologia natural. É quente nas pradarias de qualquer jeito, mas, desde 2010, o início da estação das chuvas foi se tornando cada vez mais errático. A partir de outubro, incêndios avançam por três quartos da área de 90 km² dos chimpanzés. Eles geralmente se iniciam no princípio do período chuvoso, quando raios e trovões encontram a vegetação árida.

Cientistas acompanham esses chimpanzés há décadas, e em 2017 apresentaram informações sobre sua relação com o fogo. Há inúmeros aspectos dignos de nota. O primeiro é que eles não se perturbam com incêndios florestais. Eles basicamente ignoram a vegetação em combustão, mas às vezes penetram e exploram áreas onde houve um incêndio minutos antes. Eles parecem navegar com frequência por áreas queimadas, o que pode ser o mesmo truque empregado pelos macacos vervet para aumentar o alcance de sua vigília na busca por predadores. Sabemos que em Mara e em Serengeti, no Quênia, outros herbívoros de grande porte se reúnem em áreas queimadas em densidades maiores do que em campos saudáveis, entre os quais a zebras, o javali-africano, a gazela e o topi. Também pode ser mais fácil e rápido atravessar terras aplainadas por plantas sendo queimadas até virar cinzas.

O fato de esses chimpanzés se comportarem de um modo previsível específico quando seu mundo queima sugere que, embora não consigam controlar o fogo, eles sem dúvida entendem seu conceito, e, crucialmente, preveem seu comportamento. Esse é um padrão cognitivo em que o animal é capaz de racionalizar e lidar com algo perigoso em vez de apenas adotar o curso de ação mais seguro, que seria fugir. Também é uma reação sofisticada: o modo como o fogo queima é um processo complexo e imprevisível, que depende do que está sendo queimado, do vento e de uma série de outros fatores, e pode mudar em um piscar de olhos. Em segundos, o fogo pode alcançar temperaturas incompatíveis com a vida, liberando fumaça e gases nocivos que também são perigosos para os macacos.

Os vervets e os chimpanzés da savana são pistas em potencial quando pensamos sobre a gênese da nossa relação com o fogo. Hoje, observamos a natureza para traçar comparações e especular que aquilo que vemos agora pode ser similar ao que aconteceu no passado. Isso pode ser egocentrismo. Todos os dados são úteis em algum aspecto, mas há certa presunção na noção de que os comportamentos dos outros hominídeos refletem a jornada que nos trouxe ao presente.

Era isso que fazíamos? Será que os chimpanzés de hoje imitam nossa própria evolução de 100 mil anos atrás, ou até 1 milhão? Essas são perguntas difíceis de serem respondidas. O comportamento não está bem preservado em ossos nem no solo. Podemos ver como os corpos mudam em relação a mudanças de ambiente, tais como afastamentos sutis de uma vida nas árvores, e inferimos qual comportamento foi facilitado por esses corpos. Temos pistas e ferramentas melhores para responder à pergunta de como o fogo nos mudou, embora as evidências sejam quase tão elusivas quanto a fumaça. Buscamos vestígios carbonizados enterrados no solo, ou evidências de lareiras e cozinhas. Também analisamos

FERRAMENTAS

a morfologia dos humanos primitivos, para ver se o alimento cozido foi uma necessidade para moldar seus corpos, ou pelo menos as partes duras que restaram para examinarmos na atualidade. Podemos analisar a massa corporal e os momentos da alimentação para construir modelos da energia necessária para esses corpos, e calcular se demandavam requisitos alimentares específicos. Desenvolvemos testes para nossos primos primatas vivos hoje e vemos como se saem no comportamento que estamos começando a observar nos pequenos grupos de macacos e chimpanzés que encontram fogo regularmente.

Esses dados podem compor uma teoria, mas devemos ter cuidado. A maioria dos hominídeos não habita savanas. A maior parte dos chimpanzés, bonobos, gorilas e orangotangos vive em florestas densas, onde incêndios são devastadores e, por sorte, raros. Existem poucos relatos formais sobre os efeitos dos incêndios florestais na vida dos hominídeos, mas a queima de turfa nos parques nacionais indonésios (associada à expansão das plantações para produção de azeite de dendê) só teve um efeito prejudicial para os orangotangos. Em 2006, estimava-se que centenas haviam morrido como resultado direto desses incêndios.

As savanas se expandiram durante nossa evolução na África, enquanto as florestas encolheram, e nossa morfologia foi perdendo a adaptação a uma vida entre as árvores. Causas isoladas raramente são argumentos persuasivos na tentativa de explicar como evoluímos para nos tornar o que somos hoje. Embora nossa transição para a espécie *Homo sapiens* tenha ocorrido na África, creio que acabaremos chegando à conclusão de que somos um tipo de híbrido proveniente de vários humanos africanos primitivos. É certo que, embora as evidências mais convincentes remontem ao leste africano, não examinamos devidamente o restante desse vasto continente, e os primeiros *Homo sapiens* de que se tem notícia, na verdade, se encontram nas montanhas marroquinas a leste de Marrakesh. Isso significa que o fogo foi, sem dúvida, uma das grandes forças motrizes por trás da evolução humana, mas não a única. Nossa existência na presença perpétua de incêndios em savanas provocou alte-

63

O LIVRO DOS HUMANOS

rações profundas em nós. Mas nem todos os nossos ancestrais habitaram as planícies africanas.

Darwin disse que, de todos os animais, o *Homo sapiens* é o "único que faz uso de ferramentas ou do fogo". Nesse aspecto, ele está completamente equivocado. Nenhum se iguala a nós quando se trata de acender uma fogueira ou criar uma centelha. Entretanto, não estamos sós no uso do fogo como ferramenta. Já vimos que os corvídeos são adeptos ao uso de ferramentas. Até 2017, as aves de rapina não eram conhecidas por tal capacidade. "Ave de rapina" é uma classificação informal e ampla, que inclui milhafres, águias, águias-pescadoras, bútios, corujas etc. As corujas têm um parentesco mais próximo aos pica-paus, enquanto os falcões são mais próximos aos papagaios do que qualquer uma dessas aves de rapina são aos gaviões e águias. Todos, contudo, são caçadores, com garras e bicos curvados e tendem a ter olhos aguçados, alguns com uma visão varifocal impressionante, ajustada para ampliar mamíferos pequenos enquanto sobrevoam.

Algumas aves de rapina também são pirófilas. Aves de rapina que usam o fogo para obter comida operam com base em princípios semelhantes aos dos macacos vervet. Criaturas saborosas são expulsas por vegetações em chamas e se tornam presas fáceis. Várias dessas aves também comem carniça, e sempre há muitos mamíferos pequenos torrados entre as cinzas. Tal comportamento tem sido observado na literatura científica desde 1941, por todo o mundo, inclusive no leste e no oeste africanos, no Texas, Flórida, Papua-Nova Guiné e Brasil.

Mas algumas dessas aves de rapina são ainda mais espertas. Milhafres-pretos, milhafres-assobiadores e os falcões-marrons têm todos uma ocupação internacional, e são nativos na Austrália, onde caçam e comem carniça, em especial na escaldante savana tropical. Essas terras australianas são quentes e muito secas, com incêndios constantes. Os australianos aborígines sabem muito bem disso, e têm administrado os incêndios com grande sofisticação há milhares de anos. Eles usam o fogo para eliminar uma parte específica da flora e encorajar a plantação

FERRAMENTAS

de vegetais comestíveis e pastos que atraem cangurus e emas, ambos os quais têm uma ótima carne.

Os indígenas também conhecem a fauna local. Durante muitos anos, que culminaram em um estudo publicado em 2017, guardas-florestais aborígines, e, subsequentemente, cientistas australianos, informaram que milhafres-pretos e falcões-marrons foram vistos fazendo algo bem deliberado.

Falcão de fogo

O LIVRO DOS HUMANOS

Eles apanham gravetos em chamas ou em brasa de incêndios florestais e carregam essas tochas. Às vezes, deixam-nos cair, pois são quentes demais — mas a intenção é lançá-los em áreas secas com vegetação e produzir fogo. Quando conseguem, as aves se empoleiram em um galho próximo e aguardam a evacuação frenética de animais pequenos do inferno, com os quais se banqueteiam.

Australianos aborígines já conhecem esses incendiários há algum tempo.* Eles se referem aos pássaros como "falcões de fogo", presentes em inúmeras cerimônias religiosas, e há uma descrição em um relato de *I, the Aboriginal*, a autobiografia de um indígena chamado Waipuldanya, de 1962:

> Vi um falcão pegar um graveto em brasa com as garras e lançá-lo em um trecho de vegetação seca a 1 quilômetro de distância, em seguida esperar com os companheiros pelo êxodo enlouquecido de roedores e répteis chamuscados e assustados. Quando a área queimava completamente, o processo era repetido em outro local. Chamamos esses incêndios de Jarulan... É possível que nossos ancestrais tenham aprendido esse truque com os pássaros.

Na diáfana literatura acadêmica sobre esse fenômeno incrível, houve algumas controvérsias históricas acerca da possibilidade de essas conflagrações serem deliberadas ou não. O estudo mais recente, primeiro relato científico, conclui, a partir de vários testemunhos oculares ao longo de muitos anos, que elas são completamente intencionais.

---

* Essa pesquisa é liderada por Bob Gosford, um etno-ornitologista que vive, muito apropriadamente, perto de Darwin, nos Territórios do Norte. Gosford e sua equipe referem-se a um IEK — *indigenous ecological knowledge* [conhecimento ecológico indígena] — e fazem grandes e necessários esforços para reconhecer, relacionar-se e ampliar as tradições e as habilidades dos primeiros povos da Austrália. Essa é uma prática relativamente nova, mas demonstra com clareza o quanto há a ser ganho na esfera de compreender nosso mundo pelo respeito aos povos indígenas com humildade e boa vontade.

FERRAMENTAS

Trata-se, até onde sei, do único relato de queima deliberada por um animal que não o ser humano. Esses pássaros estão usando o fogo como ferramenta. Tal comportamento satisfaz qualquer definição mencionada até então. Também ajuda a explicar como o fogo pode, aparentemente, superar obstáculos naturais ou forjados, como trechos de solo árido ou riachos. É possível que os aborígines australianos tenham aprendido a iniciar o *jarulan* com os pássaros, e, mais tarde, adotado a prática em sua administração dos incêndios ocorridos ao longo da história da Austrália. Se isso for verdade, é um belo exemplo de transmissão cultural entre espécies. Também é possível que nossos ancestrais primitivos tenham feito o mesmo há mais de 1 milhão de anos, quando iniciamos uma relação com o fogo que jamais será extinta. Ou, talvez, seja só um bom truque, e apenas nós e as aves de rapina tenhamos entendido como funciona. De qualquer maneira, a capacidade de produzir um incêndio é um dos primeiros passos para a capacidade de controlar o fogo.

Isso não significa que os passos seguintes ocorrerão. Não significa que esses falcões estejam no caminho de forjar metal ou cozinhar alimentos. Esse conhecimento é um passo para além do que os macacos vervet e os chimpanzés de Fongoli fazem. Ele requer um entendimento cognitivo do comportamento do fogo, isso para não mencionar o quão perigoso ele é. Mas também demonstra a capacidade de planejamento, de calcular um risco considerável. Com que idade você deixaria uma criança segurar uma vareta em chamas? Os falcões e os milhafres usam uma força letal da natureza para manipular o meio ambiente com o objetivo de obterem uma refeição que, de outra forma, teria permanecido oculta pela vegetação.

O fogo faz parte da natureza. O mundo queima desde antes de haver vida, e a natureza, com sua capacidade tenaz de se adaptar ao ambiente diante dela, abraçou repetidas vezes o inferno. Fomos alguns passos além para criar uma dependência total dessa força bruta. Existem sérios riscos para a saúde associados ao consumo de alimentos crus. Hoje, temos outras fontes de energia, mas continua-

O LIVRO DOS HUMANOS

remos completamente dependentes da queima dos restos de animais e de plantas há muito mortos, pelo menos no futuro próximo. O uso do fogo faz parte da nossa natureza, e não é possível produzir fogo sem uma centelha. Apenas nós somos capazes de fazer isso, mas agora sabemos que não somos os únicos que veem o fogo como um meio para conseguir o que se quer.

Guerra no planeta dos macacos

A violência é inerente à natureza. Os animais se enfrentam quando competem por recursos, por acesso às fêmeas e quando caçam. O uso da tecnologia para a ampliação das capacidades físicas de um animal inclui armas, que são um subgrupo de ferramentas voltadas para a violência. A aplicação de um golpe letal com o uso de um objeto mais duro ou afiado do que o próprio corpo torna a batalha mais curta e eficaz, e, portanto, mais atraente. Entre os animais que usam ferramentas, alguns as adotaram como armas. Darwin observou em *A origem do homem e a seleção sexual* que os macacos-gelada às vezes rolavam pedras montanhas abaixo quando atacavam os babuínos sagrados. Os elefantes e gorilas atiram pedras como armas — principalmente, ao que parece, em humanos (eles podem muito bem jogar pedras em outras espécies indesejadas em seus domínios, mas é óbvio que esses foram os únicos ataques que observamos de perto). Elas não são adaptadas de nenhuma forma particular como armas, mas são objetos que, ainda assim, precisam ser selecionados como projéteis em potencial.

O *Lybia leptochelis*, ou caranguejo boxeador, pega e carrega um par de anêmonas com as garras para afastar inimigos, embora isso também tenha lhes rendido o apelido muito menos radical de "caranguejo pom-

O LIVRO DOS HUMANOS

pom". Eles lutam contra outros caranguejos quando lhes faltam essas manoplas, e se só têm uma, cortam-na pela metade, e a anêmona cria um par clonado.

Os chimpanzés senegaleses de Fongoli que patrulham os incêndios também caçam com armas que produziram, algo raro até mesmo entre o 1% dos animais que usam ferramentas de qualquer tipo. Quando identificam um ninho de gálagos dormindo, pegam um galho apropriado, arrancam as folhas e, com os dentes, afiam para deixá-lo pontiagudo. Eles o transformam em uma estaca de, em média, 60 centímetros. Os gálagos são animais noturnos, e abrir uma cavidade em uma árvore onde dormem tranquilamente resulta em fuga. Assim, a ação específica do chimpanzé é surpreendê-los rápida e repetidamente, enfiando a arma na cavidade com um movimento de punhalada descendente. A rapidez impede que escapem. Os chimpanzés transformam os gálagos em espetinhos e os comem, deixando só os ossos. Esse, até o momento, é o único exemplo de um vertebrado não humano que produz uma ferramenta para caçar outro vertebrado.

Quando se trata de expressão da violência, os seres humanos superam qualquer outro animal. Nós caçamos com mais eficácia, essencialmente porque temos produzido ferramentas cada vez mais precisas para matar, dos porretes mais simples, passando por lanças com cabeças acheulenses, por arcos e flechas e bumerangues, até revólveres, mísseis, bombas — enfim, maneiras cada vez mais eficientes de matar outros animais.

No nosso passado pré-histórico, produzíamos ferramentas melhores e armas mais potentes. Com nossos avanços na tecnologia bélica, também alcançamos modos mais eficazes de aumentar a escala de conflito. Como organismos sociais, nós nos organizamos em grupos, e esses grupos competem por recursos. Inevitavelmente, nessa competição, usamos armas uns contra os outros e desenvolvemos maneiras eficazes de matar nossos próprios irmãos. Em algum ponto da nossa história, a violência intraespecífica aumentou em escala. A evidência mais antiga de conflito grupal — um tipo de precursor da guerra — provém de Naturuk, no Quênia. Em 2012, pesquisadores descobriram 27 corpos que haviam

FERRAMENTAS

permanecido intocados por cerca de 10 mil anos. Quando morreram, foram jogados em uma lagoa, que acabou por secar. Foi um massacre. Os restos mortais de oito homens e oito mulheres foram encontrados, além de mais cinco adultos cujo gênero não pôde ser determinado. Também havia seis crianças. Uma mulher estava nos últimos estágios da gravidez, e parecia estar com as mãos amarradas junto a três outras. Pelo menos dez dos corpos exibiam sinais claros de terem sucumbido após um golpe na cabeça — os crânios estavam cheios de fraturas, e os ossos zigomáticos, quebrados. Armas dessa natureza não faziam parte do kit de caça normal dos nômades que acreditamos terem ocupado o leste da África naquela época. Isso sugere um ataque premeditado, de uma inclemência chocante, embora seja impossível descobrirmos a motivação para tal carnificina.

Naturuk é a evidência mais antiga de um ataque premeditado a um grupo de pessoas. Aconteceu um milênio antes de começarmos a registrar nossa história pela escrita, mas podemos presumir que o conflito grupal faz parte da condição humana. Passamos nossa história inteira em guerra.

Além disso, temos estudado as causas do conflito quase pelo mesmo tempo. Todas as guerras são diferentes, e, ainda assim, todas são iguais. Cada batalha é única como resultado dos participantes, da tecnologia disponível, da geografia do conflito e outros fatores. Mas as razões para o conflito são fundamentalmente similares. Uma das primeiras obras históricas é *A história da guerra do Peloponeso* — um relato de mais de duas décadas de conflito entre Esparta e Atenas, escrita pelo grande historiador grego (e general ateniense) Tucídides em 431 a.C. Nela, ele diz que os motivos para entrarmos em guerra são o medo, a honra e o interesse.

Os três são interpretações de temas evolucionários: o medo de predadores com o intuito de simplesmente sobreviver para reproduzir e criar aqueles que levarão nossos genes adiante; a honra, o orgulho ou um senso de protecionismo grupal a fim de preservar os genes que os membros com parentesco carregam; e o interesse pela proteção de recursos que permitem a sobrevivência dos nossos genes, entre os quais território, comida e, para os machos, o acesso às fêmeas. Entretanto, não tenho

O LIVRO DOS HUMANOS

interesse algum em oferecer essas teorias evolucionistas, ainda que muito razoáveis, como qualquer tipo de justificativa moral para o comportamento beligerante do ser humano. Embora pareçam ser as mesmas bases para entrar em guerra, é um reducionismo intelectualmente tolo e sem sentido atribuir princípios evolucionários às razões políticas e religiosas extremamente complexas que, de fato, levam às guerras. O nacionalismo não é uma representação razoável da seleção de parentesco — a ideia de que a evolução funciona no sentido de promover um propósito comum na luta pela sobrevivência em uma população em virtude de os membros terem parentesco próximo e, portanto, compartilharem muitos genes.

Países não têm parentesco. Os seres humanos, em geral, têm um parentesco muito próximo para que as fronteiras arbitrárias, transitórias e fluidas da nacionalidade possam evocar qualquer distinção biológica significativa sobre a qual a seleção pudesse atuar. Isso é ainda mais verdadeiro em se tratando de conflitos baseados em diferenças políticas e religiosas. Os cristãos protestantes, católicos e mórmons, ou muçulmanos sunitas e xiitas não apresentam diferenças genéticas relevantes. Os conflitos entre esses grupos são políticos, e não biológicos, em suas origens. Embora haja amplas diferenças genéticas entre os povos do mundo, a variação natural não está relacionada a fronteiras ou crenças, e o modo como falamos casualmente de raça tem pouca relação com as variações humanas presentes nos nossos genes. As características que geralmente usamos para atribuir pessoas a grupos raciais são traços visíveis, como cor da pele, textura do cabelo e alguns aspectos anatômicos, como o formato da pálpebra superior. Elas são geneticamente codificadas, mas representam uma proporção minúscula da quantidade total de diferenças genéticas nos seres humanos, que não são visíveis e não se adaptam a grupos raciais. Os milhões de pessoas que se identificam como afro--americanos não podem ser geneticamente agrupados de maneira significativa ou informativa, mesmo que possam ter, em média, uma pele mais escura do que a dos americanos de ascendência predominantemente europeia. A maioria das variações genéticas ocorre dentro de uma população, e não entre uma e outra. Então, embora possa parecer trivial

FERRAMENTAS

rotular 1 bilhão de chineses como asiáticos orientais, eles são, em termos biológicos, um grupo muito diverso, ainda que o formato de seus olhos seja mais semelhante entre si do que os de qualquer outro povo na Terra. Com isso em mente, não podemos atribuir motivações evolucionárias diretas à guerra, pois isso requereria um tipo de essencialismo ou pureza genética que não reflete a realidade.*

A morte dos outros para assegurar a sobrevivência dos genes de um organismo no futuro é inerente à evolução. O combate, a alimentação, a reprodução, a competição e o parasitismo são agentes primários da mudança evolucionária. Embora vejamos a adoção de ferramentas para ameaças ou para a violência propriamente dita, o que não vemos na natureza é o conflito armado estratégico, premeditado e prolongado entre grupos de animais, o que é uma boa definição para a guerra.

Com uma exceção notável: os chimpanzés. Enquanto os bonobos abraçam o contato sexual entusiástico para aliviar as tensões e o conflito (o que será examinado mais adiante), seus primos mais próximos, os chimpanzés, são muito mais sistematicamente violentos. Sabemos disso há décadas, mas começamos a compreender melhor o grau de violência presente na sociedade dos chimpanzés só depois do verão do amor. De forma muito apropriada, o contraste entre as duas espécies do gênero *Pan* foi representado no lema da contracultura hippie "faça amor, não faça guerra": os bonobos sendo os amantes, e os chimpanzés, os guerreiros. Foi Jane Goodall quem primeiro observou a escala do conflito entre os chimpanzés no Parque Nacional Gombe Stream, na Tanzânia. No início da década de 1970, facções começavam a ser observadas em uma sociedade antes unida, com uma fissura norte-sul. Ninguém sabe por que esse cisma se deu, mas coincidiu com a morte de um macho alfa que Goodall chamou de Leakey, o qual foi substituído por Humphrey. Alguns chimpanzés começaram a segui-lo, mas outros, do sul, aparen-

---

* A inter-relação entre os humanos, a raça e a genética que molda a história humana é explorada com muito mais profundidade no meu livro anterior, *A Brief History of Everyone Who Ever Lived* (Weidenfeld and Nicolson, 2016).

temente enxergando-o como fraco, resolveram dar o exemplo, seguindo dois irmãos chamados Hugh e Charlie. O que houve em seguida foram ataques estratégicos de cada lado ao território do outro, abates direcionados ou espancamentos severos de inimigos machos, violência que foi se agravando para conflitos prolongados. A legião de Humphrey acabou vitoriosa, e depois de quatro anos de conflito persistente, todos os rebeldes foram eliminados.

Os chimpanzés de Ngogo vivem no Parque Nacional de Kibale, em Uganda. Por mais de uma década, pesquisadores os observaram, e viram uma violência mais coordenada e sistemática, além de uma aparente estratégia de batalha. A intervalos de algumas semanas, machos jovens se reuniam nas extremidades de seu território, e, em um único esquadrão silencioso, patrulhavam as fronteiras. Durante dezoito dessas excursões, eles foram vistos se infiltrando em território vizinho e espancando um macho de outra tropa até a morte, esquartejando-o por completo e pulando, vitoriosos, sobre o cadáver desmembrado. Após dez anos desses terríveis combates, os chimpanzés de Ngogo haviam anexado todos os territórios que vinham atacando.

Nas montanhas Mahale, no oeste da Tanzânia, um grupo de chimpanzés é conhecido por ter também invadido e anexado o território de uma tropa vizinha. Depois disso, todos os machos adultos simplesmente desapareceram. Assim como uma incursão da máfia, nenhum ataque foi testemunhado e nenhum corpo jamais foi encontrado. Entretanto, presume-se que eles foram mortos em ataques territoriais.*

Os dados são escassos, mas temos inúmeras incidências de agressões letais contínuas com o que os cientistas às vezes chamam de "violência de coalizão" (para evitar uma descrição que invoque o próprio comporta-

---

* Em outro exemplo de violência entre chimpanzés, em 2017 pesquisadores testemunharam um caso assustador de infanticídio na vitoriosa tropa de Mahale. Segundos depois de ter nascido, um bebê foi raptado por um macho que foi visto comendo-o em uma árvore, duas horas depois. Talvez apenas cinco nascimentos de chimpanzés tenham sido testemunhados por observadores humanos, visto que as fêmeas costumam se esconder após dar à luz — um tipo de licença-maternidade dos chimpanzés. É possível que seja precisamente para evitar esse tipo de infanticídio.

FERRAMENTAS

mento humano de guerra). Já foi levantada a possibilidade de que tenham sido os humanos que impuseram esse nível de comportamento beligerante aos chimpanzés. Ao invadirmos continuamente seus territórios, derrubando florestas, introduzindo doenças e caçando-os, nós incutimos o conflito por recursos entre os chimpanzés, e as mortes são um efeito colateral incidental da violência resultante. No caso dos chimpanzés de Gombe, os humanos haviam distribuído bananas ao longo dos anos para encorajá-los a passarem para áreas onde pudessem ser observados.

A ideia de que nosso comportamento pode ter influenciado o deles é uma hipótese testável e, em 2014, foi submetida aos padrões científicos. Se a atividade humana fosse um agente motivador de níveis acentuados de agressão e violência, seria de se esperar ver mais violência onde houvesse humanos por perto. Foi um estudo e tanto: dezoito áreas habitadas por chimpanzés, com a análise de cada ato de violência e abate registrado ao longo de um total combinado de 426 anos de pesquisa. Eles identificaram fortes ligações entre a violência e a competição por território ou recursos, e a densidade da população (particularmente de machos), mas poucas ligações à proximidade da atividade humana. Na Tanzânia e em Uganda, os dois surtos de violência de coalizão (no primeiro caso, presumido) resultaram em grandes ganhos territoriais. De um ponto de vista evolutivo, isso significa mais árvores frutíferas, o que implica mais abundância de alimento, resultando em uma população mais saudável e mais filhotes de chimpanzés.

Portanto, a agressão letal entre os chimpanzés, incluindo a violência de coalizão, é mais bem entendida como uma estratégia adaptativa. Tanto em termos de tempo quanto de genes, estamos próximos a chimpanzés e bonobos, e a tentação de sugerir uma relação entre todos nós para explicar comportamentos complexos está sempre presente. A predisposição à violência existia em um ancestral comum desses três grupos de hominídeos, e só os bonobos a superaram? Ou seria o contrário: a resolução sexual dos conflitos era a norma, e só os bonobos a conservaram? Embora sejam hipóteses válidas de serem levantadas, não há muitos dados disponíveis para confirmar nenhuma delas, e as comparações

O LIVRO DOS HUMANOS

devem ser feitas com meticulosidade científica. Não nos esqueçamos de que, durante os 6 milhões de anos em que nossa linhagem divergiu de outros hominídeos, eles também evoluíam; no caso dos chimpanzés, evolução para a utilização da violência com o objetivo de maximizar a própria sobrevivência. A propensão deles à violência é um comportamento que precisa ser compreendido em seus próprios termos, não apenas como modelo para compreendermos nós mesmos. Já tivemos guerras o suficiente para que o comportamento dos chimpanzés seja de relevância limitada para nós.

Esse passeio por algumas das características menos admiráveis dos humanos e de outros animais mostra que a violência, extrema e letal em alguns casos, faz parte da luta pela vida e é universal. A sobrevivência se dá à custa de outros seres que não compartilham seus genes. Falamos muitas vezes em corridas armamentistas na teoria evolucionista, quando a presa se desenvolve e supera os recursos do predador, e o predador, por sua vez, também se desenvolve. Esse eterno conflito existe entre os gêneros dentro das espécies, e entre espécies em todas as escalas. Eis um exemplo macroscópico interessante: mariposas são presas exploradas à exaustão por morcegos que utilizam a ecolocalização. A mariposa-tigre do Arizona desenvolveu um truque muito inteligente em duas etapas para evitar ser comida: elas secretam uma substância química repugnante de que os morcegos não gostam, mas também emitem um clique de sonar agudo que eles detectam. Quando o morcego come uma e associa a ingestão ao sinal de alerta, passa a evitar essas mariposas no futuro. No nível microscópico, nosso sistema imunológico inteiro é composto por estratégias ofensivas e defensivas de batalha contra os ataques incansáveis de organismos que planejam continuar existindo à nossa custa. Afinal de contas, as causas naturais de mortes em humanos superam de longe nossas próprias tentativas determinadas de nos aniquilar. Foram os menores seres do mundo dos vivos que tiveram o maior impacto negativo na vida dos humanos: a praga, a gripe espanhola, a tuberculose, o HIV/AIDS, a varíola e a malária — provavelmente, o agente mais letal da história.

FERRAMENTAS

Não obstante, tivemos uma boa atuação na destruição uns dos outros. Não há dúvida de que, com nosso cérebro, nossa inteligência e nossas capacidades, tornamos o ato de matar cada vez mais eficiente, tanto no nível interpessoal quanto no global. Talvez os dias de destruição mutuamente garantida pelas armas nucleares tenham ficado para trás, e não é preciso ser um teórico evolucionista para reconhecer que isso é algo bom para nossos genes e para nossa espécie. É difícil justificar nossas razões para guerrear com base na teoria evolucionista, o que é reforçado pelo fato de que somente os chimpanzés parecem emular uma escala de conflito que poderia ser descrita como algo próximo da guerra. A maioria das culturas concorda que matar outras pessoas é proibido, e isso está até mesmo sacramentado nos mandamentos abraâmicos, embora pareça ser interpretado mais como uma orientação do que como uma regra, se considerarmos o entusiasmo com que os discípulos de Cristo e Maomé têm se dedicado a tirar vidas.

Agricultura e moda

Somos muito bons em ampliar nosso alcance para além das limitações de nossas formas físicas. Essas habilidades são quase todas ensinadas, e não inerentes, mas são construídas a partir de fundações biológicas que permitem seu desenvolvimento. Como vimos a respeito dos animais que fazem uso de tecnologia, algumas habilidades são aprendidas, e outras são biologicamente codificadas. Mas nenhuma chega perto em termos de sofisticação. Há duas outras características que vale a pena examinarmos e que fazem parte da nossa cultura, além de terem equivalências aparentes em outros animais. Nenhuma é exatamente uma ferramenta, mas ambas são exemplos da ampliação das capacidades humanas pela profunda manipulação do nosso ambiente. Ambas demandam o uso de ferramentas, e ambas são fundamentalmente importantes para a humanidade.

A primeira é a agricultura. Vimos exemplos de organismos explorando objetos inanimados, e, no caso dos golfinhos que usam esponjas, um animal usando um segundo para caçar um terceiro. Existe outra técnica que utilizamos para nos alimentar, na qual cultivamos outros organismos para colher um produto comestível. Entre os humanos, nós a chamamos de agricultura. A agricultura mudou a humanidade de forma irreversível e estabeleceu as bases da era atual. Ao longo de um curto período de tempo, passamos de caçadores-coletores a agricultores

FERRAMENTAS

que cultivam o próprio alimento, e, ao fazermos isso, demos início ao processo a partir do qual a civilização surgiria. A agricultura tem sido a indústria e a tecnologia dominantes há cerca de 10 mil anos. Com seu surgimento, vimos evidências de novas plantações de cereais, centeio na Mesopotâmia, trigo *triticum monococcum* no Levante. Vimos a domesticação de javalis e ovelhas em vários locais da Europa e da Ásia. Dentro de um período de cerca de mil anos, após o fim da última era do gelo, as origens da agricultura surgem onde quer que haja humanos. As pessoas não precisariam mais acompanhar as estações ou a migração de animais para garantir alimento. Bases permanentes puderam ser estabelecidas, e safras armazenadas para anos de escassez. Agricultura requer planejamento e presciência, a fim de se antever o que vai crescer, como e quando. Isso, por si só, promove a inovação tecnológica; recipientes para o armazenamento, coadores para processar os alimentos, arado e pá para preparar a terra. O efeito geral é a centralização de uma *commodity* valiosa, o que atrai mais pessoas. A disparidade econômica é criada, dando origem ao comércio. Como era mais estável, o novo estilo de vida passou a ser mais comum do que a peregrinação em busca de alimentos, e as práticas foram transmitidas e ensinadas entre famílias que se tornaram comunidades.

A agricultura também provocou mudanças em nossos ossos e genes. Nossos genomas refletem as mudanças das nossas dietas mais depressa do que as de muitos traços, e podemos ver a mudança no estilo de vida agrícola em nosso DNA, com o exemplo clássico do consumo de leite. É o caso da Europa e dos emigrantes europeus recentes. Bebemos leite durante toda a vida. Para a maioria das pessoas na Terra da atualidade e historicamente, o consumo de leite após o desmame é a fonte de todos os problemas gástricos, visto que a enzima necessária para a quebra de uma glicose em particular do leite, chamada lactose, só funciona durante a infância. Mas, em algum momento há cerca de 7 mil anos, provavelmente no noroeste europeu, as pessoas desenvolveram uma mutação no gene daquela enzima, levando sua função a permanecer presente por toda a vida. Já criávamos animais leiteiros antes disso, e é provável que comês-

O LIVRO DOS HUMANOS

semos queijo em pasta produzido a partir do seu leite (o processamento do leite em queijo remove a lactose, então o queijo pode ser consumido por todos sem nenhum efeito), mas não bebíamos o leite puro. Após essa mutação, combinada às nossas práticas agrícolas, passamos a ter uma nova fonte de proteína e gordura, para a qual controlávamos os meios de produção. Sua vantagem para nós é óbvia, e ela foi selecionada não apenas pela natureza, mas pela combinação da nossa vida e dos organismos que desenvolvemos. Agora, está gravada no nosso DNA.

Mencionei em uma nota de rodapé na página 11 que nenhum organismo já existiu de forma independente de outros (por mais desafiadora que seja a noção de que um vírus não é classificado como um ser vivo). Isso é, sem dúvida, verdadeiro, considerando que predadores dependem das presas e que as teias alimentares do ecossistema são redes delicadamente equilibradas de interdependência. A agricultura é diferente. É o processo industrial de cultivo simbiótico, no sentido de ser um trabalho sistemático com o objetivo de gerar um produto cultivado. As cabras que ordenhamos 7 mil anos atrás estavam sendo moldadas pela domesticação, e agora são aquilo que fizemos delas.

A agricultura foi um desenvolvimento cultural essencial que nos impulsionou através da história e no surgimento da civilização. Não somos, contudo, os únicos agricultores.

As formigas-cortadeiras são famosas por trotarem em documentários de TV carregando cortes colossais de folhagem que arrancam das plantas. Entretanto, as folhas não são o alimento que buscam; o que elas querem é um produto produzido no interior das células de fungos da família Lepiotaceae, que elas também geraram, não diretamente, mas através da evolução mutuamente benéfica — as formigas cultivam os fungos, os fungos alimentam as formigas. Assim como o solo arado, as folhas atuam como um substrato onde os fungos crescem, o que fornece à colônia das formigas alimentos essenciais.

Existem cerca de duzentas espécies de formigas-cortadeiras que fazem isso, a prática faz parte de sua existência há mais de 20 milhões de anos. São cultivares obrigatórios, o que significa que elas dependem completamente dessa atividade, assim como nós dependemos de alimen-

FERRAMENTAS

tos cultivados. A dependência também é mútua: os fungos produzem filamentos chamados gongylidia, que são repletos de carboidratos nutritivos e lipídios, de modo que as formigas possam colhê-los com mais facilidade para alimentar as rainhas e as larvas. A gongylidia não existe fora da agricultura de fungos e formigas.

Há ainda outra camada ultrajante nessa simbiose. As concentrações de folhas são vulneráveis a infecções por outros fungos, que as formigas arrancam manualmente (na verdade, com as mandíbulas). Mas elas também carregam a bactéria *Pseudonocardia* em seus organismos e em glândulas endócrinas especializadas. Essa bactéria produz um antibiótico que ataca as infecções fúngicas. Essa é uma descrição fantástica do mutualismo em muitos níveis: um animal que cultiva um fungo, usando bactérias com pesticida, cada um dependente dos outros. A evolução é incrivelmente inteligente, e temos muito a aprender com as formigas.

O segundo pilar cultural essencial para a humanidade é muito mais sutil no restante da natureza: como decidimos nos adornar. Menosprezar a forma como nos vestimos ou usamos nosso cabelo como algo trivial e insignificante, sem valor, é estupidez. A alta-costura das passarelas, muitas vezes absurda, pode ser chocante para a maioria de nós, mas a aparência física é de primeira importância para passar muitas mensagens para os outros. A seleção sexual é um importante agente da mudança evolucionária, e será explorada com uma profundidade muito maior no próximo capítulo. Para introduzir o assunto, no entanto, sinais que indicam saúde, força, bons genes ou fecundidade permitem às fêmeas (geralmente) selecionar aqueles com quem estão dispostas a acasalar. O investimento das fêmeas em seus óvulos é muito maior do que o investimento no esperma dos machos — os óvulos são maiores e mais raros do que o esperma, e, portanto, um ativo mais valioso. Esse desequilíbrio determina o comportamento de toda a gama de animais. Uma das manifestações mais visualmente impressionantes disso são os traços exagerados exibidos por muitos machos. A cauda do pavão é o exemplo mais citado: é metabolicamente custoso usar um adorno tão pomposo, e é

O LIVRO DOS HUMANOS

muito mais difícil fugir de uma raposa faminta quando se é uma ave tão ousada. Mas sobreviver com tanta ostentação pode significar que você, de forma geral, tem bons genes, e uma fêmea pode pensar que vale a pena usá-los para uma chance maior de sobrevivência de seus próprios genes.*

Assim, vemos caudas excêntricas e acessórios exuberantes em aves-do--paraíso e insetos de todas as formas e tamanhos. Vemos demonstrações loucas de antilocapras no cio, ou o acasalamento em lek dos cri-criós, ou os saltos hilários das viúvas rabilongas nas savanas africanas. Machos vaidosos, mostrando como são belos.

Para um cri-crió, antilocapra ou pavão fêmea, essas podem ser boas aparências. Mas, certamente, não são modas. Características glamorosas exageradas surgem de forma gradual de geração para geração. Uma variação aleatória no tamanho de um traço pode deixá-lo levemente maior em um macho, e nas fêmeas, uma variação aleatória na preferência por um traço maior pode significar que eles vão acasalar. Repita a operação ao longo de diversas gerações e o tamanho desse traço não conhecerá limites, chegando ao absurdo. Em todos os casos, é o tamanho aumentado do traço no macho, combinado a uma preferência das fêmeas, que provoca o custoso exagero.

Algumas criaturas se adornam. Elas usam acessórios e, às vezes, outras criaturas do ambiente para vários propósitos, mas geralmente para defesa. Trata-se de uma prática diferente, mas uma extensão do uso das

---

* Em quase todos os casos, os traços exagerados estão nos machos. As fêmeas obtêm mais retorno sobre seu grande investimento em óvulos cruzando com os melhores machos, e os machos se saem melhor cruzando com o maior número de fêmeas possível. Portanto, os machos competem entre si por acesso às fêmeas, e as fêmeas podem escolher. Essa é uma das pedras angulares do conceito da seleção sexual, um dos fatos mais importantes da seleção natural. Entretanto, a biologia é uma ciência cheia de — ou enriquecida por — exceções, e há exemplos em que as fêmeas têm ornamentações glamorosas. O peixe-cachimbo é um tipo de cavalo-marinho desenrolado, e as fêmeas tornam-se mais coloridas quando férteis, se comparadas ao banal macho. De forma análoga, a fêmea do borrelho-ruivo da Eurásia é a dona das cores vivas. Em ambos os casos, os machos são os principais responsáveis pelos cuidados com os filhotes. Por consequência, "borrelho-ruivo" às vezes é um termo abusivo, significando "velho tolo", ainda que isso esteja relacionado à personalidade dócil e ingênua do pássaro. Provavelmente.

FERRAMENTAS

ferramentas, e parece ser, sobretudo, um fenômeno aquático. Centenas de caranguejos da família *Majoidea* adornam a carapaça com todos os tipos de objetos. É um processo trabalhoso, e suas conchas têm cerdas finas como velcro para ajudar na aderência. Às vezes, elas são usadas simplesmente como camuflagem, mas, como leva algum tempo, e como os objetos costumam ser plantas de cheiro desagradável ou até moluscos estacionários, acreditamos que eles possam ser usados como repelentes, visto que os predadores definitivamente sabem que o caranguejo está por perto. Muitas larvas de insetos criam escudos de corpo inteiro, não raro com o próprio excremento, que pode ser repelente, proteger e servir de camuflagem. O reduviídeo carrega uma mochila feita de carcaças de suas presas, mas o que se presume é que seja para camuflagem, e não para causar medo nos inimigos.

Deixando de lado assassinos e soldados, nossas próprias modas têm pouco em comum com esses adornos. Embora o modo como nos vestimos possa ter raízes nos conceitos da seleção sexual, o contrário também é possível. Psicólogos evolucionistas tentaram explicar que alguns estilos que adotamos ao nos vestir refletem princípios do acasalamento, mas, em geral, não compro essa ideia. As modas, sem dúvida, transmitem um aprimoramento físico que pode parecer ter o intuito de exibir um traço desejável, como ombros largos, cintura fina ou olhos aparentemente grandes. Em seu bastante popular, mas cientificamente questionável best-seller *O macaco nu*, o autor Desmond Morris sugere que o batom era uma tentativa de fazer os lábios faciais femininos lembrarem os lábios vaginais intumescidos pela excitação sexual. Pode ser um argumento superficialmente atraente, mas ao menor grau de escrutínio, desaparece, pois não há evidências de que seja verdade. Se fosse, esperaríamos ver a seleção ocorrer a partir do uso de batom e um maior sucesso reprodutivo entre mulheres que o adotam. Ele também não explica as mudanças no estilo e nas cores dos batons, nem o fato de que a maioria das mulheres não usou batom pela maior parte da história humana, e de alguma forma conseguiram dar à luz uma coorte saudável de rebentos. Trata-se de um exemplo do pecado científico das "histórias assim mesmo" — especulações que parecem atraentes, mas não podem ser testadas ou não contam com evidências.

O LIVRO DOS HUMANOS

Sigmund Freud atribuiu a gravata a um simbolismo do pênis. Por outro lado, ele acreditou que muitas coisas simbolizavam o pênis. As pessoas ao longo dos anos têm sugerido que o status fálico da gravata profissional veio do fato de ser comprida e fina, de ficar pendurada, literalmente apontando para o falo, e de ser usada por homens que gostam de se sentir poderosos. Mas isso não explica o uso das gravatas-borboleta. Nem dos lenços. Nem, ainda, a grande maioria dos homens que não usam gravatas com nó Windsor atualmente, ou que não usaram ao longo da maior parte da história humana e, ainda assim, conseguiram produzir herdeiros. O rufo foi popular na Europa Ocidental por dois séculos, mas ele não aponta para o falo, e os Tudors pareciam procriar muito bem. Tampouco qualquer desses argumentos explica o fato de a moda diferir radicalmente no mundo e ter sofrido mudanças igualmente radicais ao longo da história. Imagine aparecer no escritório com o rosto pintado de branco, calças curtas e uma peruca gigante empoada. Ou usando não uma gravata, mas um pequeno rufo, gibão e bragueta.

O fato de um corte de calça fazer parte desta estação e não da seguinte provavelmente é uma faceta da condição efêmera de membro de um grupo. Modas vêm e vão, com bastante frequência. Fui gótico por um período, e usava exclusivamente cores sóbrias, tentando ao máximo ser rabugento. Mas, então, descobri o hip-hop. Oscar Wilde denunciou a moda como uma "feiura tão intolerável que precisamos alterá-la a cada seis meses", enquanto quase certamente usava gravata, gola de pele, chapéu garboso e um lírio na lapela que poderiam muito bem ser ridicularizados naquela época e agora. O tribalismo é uma característica muito humana e, embora não deva ser desprezado como irrelevante para a evolução biológica, tribos são transitórias, e, talvez, um bom exemplo de um comportamento com o qual nos distanciamos das algemas da seleção natural. Em outros animais, quase não há exemplos de mudanças aparentemente sem propósito no comportamento que sigam a moda ou tendências passageiras.

Consideremos o caso de Julie. Em 2007, ela deu origem a uma nova tendência, que durou. Julie na época tinha 15 anos, uma jovem adulta que talvez

84

estivesse começando a superar os caprichos de uma juventude despreocupada e inconstante. Isso não a impediu de experimentar algo novo. Certo dia, ela decidiu que enfiaria uma folha de grama dura em uma orelha, e que esse seria seu estilo. Ela continuou suas atividades diárias, com a grama saindo da orelha. O filho de 4 anos, Jack, observou o novo acessório e decidiu copiá-lo. Kathy, cinco anos mais nova do que Julie, passava a maior parte do tempo com ela entre todos os outros colegas do grupo, e adotou a grama na orelha logo em seguida. Val foi a próxima. Outros convivas seguiram seu exemplo, totalizando oito indivíduos em uma gangue de doze membros.

Julie era um chimpanzé. Ela morreu em 2012, mas a tendência que introduziu persistiu em seu grupo social local e se espalhou para pelo menos duas outras populações de chimpanzés próximas, com as quais ocasionalmente se misturam, mas não necessariamente mantêm relações, no Orfanato para a Vida Selvagem Chimfunshi — um santuário no noroeste da Zâmbia. Os últimos relatos dos primatologistas que estudam esses chimpanzés dizem que Kathy e Val continuam usando uma única folha dura de grama em uma orelha.

A elegante Julie

Observamos muitos comportamentos sociais nos chimpanzés que são reconhecidamente semelhantes aos nossos, muitos dos quais ainda serão discutidos neste livro. Talvez esse seja o único relato documentado de chimpanzés adotando o que é descrito na literatura científica como uma "tradição arbitrária não adaptativa". Ou, em outras palavras: uma moda.

Existem alguns exemplos de outros comportamentos em que chimpanzés copiam outros chimpanzés por razões que não compreendemos. Tinka, um chimpanzé adulto do gênero masculino que vive em Budungo, região de Uganda, tem uma paralisia quase total nas duas mãos, resultado de tê-las prendido em uma das várias armadilhas que os caçadores locais montam para potamóqueros e pequenos cervos chamados duikers. Suas mãos são travadas em forma de gancho, com pouco movimento no polegar esquerdo e nenhum na mão direita, e pouquíssima funcionalidade. Tinka também tem uma alergia aparente, com regiões sem pelo e erupções cutâneas, talvez causada por ácaros, e quase certamente exacerbada por sua incapacidade de se coçar ou tirar os ácaros do corpo. Ele não consegue fazer muitas das atividades normais e essenciais da vida diária de um chimpanzé, com funções tanto biológicas quanto sociais, como cuidar dos pelos. Em vez disso, Tinka desenvolveu sua própria técnica para coçar a cabeça, que envolve puxar um pedaço de cipó com o pé ancorado a um galho e esfregar a cabeça contra o cipó, para a frente e para trás, como se fosse um serrote.

Isso já é interessante por si só. Demonstra uma habilidade sofisticada de manipular o ambiente e usar o que se tem ao redor para criar uma ferramenta necessária. Por outro lado, macacos, ursos, gatos e muitos outros mamíferos coçam as costas em árvores, rochas e móveis domésticos. O mais interessante, contudo, é que, depois que Tinka começou a fazer isso, muitos de seus convivas seguiram o exemplo. Chimpanzés completamente capazes copiaram seu estilo — um total de sete. Todos eram mais novos, cinco dos quais eram fêmeas; foram filmados 21 incidentes de coceira com cipó. Tinka estava presente em apenas um desses surtos. Não podemos, portanto, afirmar que os copiadores faziam isso em respeito a um chimpanzé mais velho. A moda simplesmente pegou.

FERRAMENTAS

Os exemplos são poucos e esparsos. Talvez sejam pontos fora da curva, anomalias que não representam o status cognitivo desses chimpanzés. Mas eles são reais. Talvez o método de Tinka seja um modo melhor de se coçar a cabeça. O principal é que não parecem ser comportamentos adaptativos, pelo menos não diretamente. Aparentemente, esses chimpanzés estão copiando um estilo sem razão particular além de fazer parte de um grupo.

Por meio de ferramentas, armas e até da moda, ampliamos nossas habilidades para muito além de outros animais. Embora vejamos certo uso de ferramentas, flashes da violência à qual nos submetemos e alguns exemplos de escolhas estéticas, as diferenças são notáveis. Nossa cognição e destreza nos deram os meios para produzir objetos de tal sofisticação que nos tornamos usuários obrigatórios de ferramentas. Somos criaturas que já manipulam o ambiente há tanto tempo que nos tornamos completamente dependentes da tecnologia há centenas de milhares de anos.

Há, contudo, um conjunto mais antigo de práticas quintessenciais empregadas pelos humanos. Elas envolvem comportamentos que servem a um princípio evolucionário mais básico, comportamentos que abraçamos e desenvolvemos a um nível que supera em muito seu propósito original. No próximo capítulo, examinaremos se e como outros animais compartilham nosso considerável entusiasmo pelo sexo.

SEXO

Imaginemos um naturalista alienígena — um cientista extraterrestre que vem ao nosso mundo para estudar a vida na Terra, observar a nós e ao nosso lugar no grande esquema da natureza. O cientista veria um mundo cheio de vida. Células vibrantes por todos os lados, algumas organizadas em organismos maiores, mas todas produzindo mensagens codificadas dentro delas, e todas independentes. Ele pode ver através do tempo, e observa que a vida existe por 8/9 da existência do planeta, e, durante esse período, tem sido contínua, com alguns abalos, mas sem interrupções. E veria, ainda, que nenhuma dessas células ou organismos é permanente. Todos produzem novas versões de si mesmos, e, portanto, a cadeia ininterrupta da vida continua.

O cientista alienígena desenvolve um interesse especial pelos seres humanos, tanto pela nossa biologia quanto pelo nosso comportamento. Ele observa que os humanos são grandes (mas não os maiores), muitos (mas não os mais abundantes) e que estão em todos os lugares (embora só muito recentemente). Não somos os mais numerosos, nem em quantidade nem como representantes dentro da nossa suposta taxonomia. Os mamíferos — criaturas peludas que produzem leite para alimentar os filhotes — são um pequeno grupo de organismos na Terra, com apenas 6 mil tipos conhecidos, 1/5 dos quais são tipos diferentes de morcegos.

Há alguns tipos de primatas, um número ainda menor de hominídeos. Nenhum é tão numeroso quanto o *Homo sapiens*, o único hominídeo sobrevivente classificado como "humano" que caminhou sobre a face da Terra nos últimos milhões de anos.

Houve alguns membros do gênero *Homo* ao longo dos anos, embora não haja um consenso em relação ao número definitivo de espécies humanas distintas. Algumas são novas descobertas dos primeiros anos do século XXI, como os pequeninos *Homo floresiensis*, chamados Hobbits de Flores, da Indonésia, ou os *Homo naledi*, um povo primitivo um pouco maior encontrado misteriosamente em uma profunda e escura caverna labiríntica da África do Sul, em 2013; ambos coincidem com versões de nós, se não no espaço, no tempo. Há, ainda, os denisovanos, um povo conhecido a partir de apenas um dente e dois ossos, além de seu genoma inteiro. Eles não têm uma designação de espécie, pois para classificar seres vivos usamos a anatomia, e esses vestígios não são suficientes. Por seu DNA, sabemos que eram diferentes de nós e de quaisquer seres humanos de que temos notícia. O que fica claro nesse emaranhado de informações é que nós, *Homo sapiens*, somos os últimos humanos sobreviventes e, sem perspectiva plausível de divergirmos em novas populações sexualmente compatíveis, seremos os últimos.

Apesar de nossa aparente onipresença e sucesso, o cientista curioso veria que não somos criaturas de grande durabilidade, pelo menos até agora. Temos apenas 300 mil anos; embora nosso maior grupo familiar — os hominídeos — tenha sobrevivido consideráveis 10 milhões de anos. Para fins comparativos, os dinossauros, que às vezes zombamos por não terem sobrevivido a um impacto interplanetário como não é visto há 66 milhões de anos, foram uma classe de animais cujo tempo na Terra supera, e muito, o nosso; não tivemos que enfrentar as consequências de um meteorito do tamanho de Paris. Aliás, a longevidade dos dinossauros foi tamanha que nós, humanos, estamos mais próximos em tempo do poderoso *Tyrannosaurus rex* do que este se encontrava do icônico estegossauro.*

---

* Aproximadamente: os dinossauros viveram durante 250 milhões de anos, até 66 m.a.a. (milhões de anos atrás). Estegossauro: 155-150 m.a.a.; tiranossauros: 68-66 m.a.a.

SEXO

Ao tentar reunir regras universais para entender por que todas essas criaturas se comportam como se comportam, o alienígena veria uma variedade de habilidades e estilos de vida. Mesmo através da inspeção mais superficial, seria impossível ignorar um aspecto do comportamento humano. Investimos uma quantidade titânica de tempo, esforço e recursos tentando tocar a genitália de outras pessoas.

Se nosso pesquisador extraterrestre não for um ser sexuado,* isso será um enigma para ele. Ele observa que há, essencialmente, dois tipos diferentes de seres humanos (embora, ao longo da história, em todas as culturas, tenha havido aqueles que, biologicamente ou por escolha, ficam entre uma coisa e outra). Observa também que uma grande proporção de humanos não demonstra nenhum interesse sexual em particular até a segunda década de vida, ponto a partir do qual quase todos passam a demonstrar. O alienígena gosta de dados, e nota que, uma vez que o interesse desperta, a maioria dos membros da espécie humana tem menos de quinze parceiros sexuais ao longo da vida.** Observa também que eles gostam de tocar a própria genitália: quase todos os humanos que podem se masturbar o fazem.

Assim, do ponto de vista do observador, o sexo é uma parte importante e vibrante da experiência humana. Algumas das ações relacionadas à prática de tocar a genitália existem através das eras marítimas desde antes de qualquer coisa vagamente peluda ter povoado a Terra; aliás, antes mesmo do surgimento das árvores e da formação dos continentes atuais.

---

* Muitos organismos complexos não são. Os rotíferos, por exemplo, são coisas minúsculas e vermiformes, com um décimo de milímetro de comprimento e encontradas em praticamente todos os lugares onde há água fresca. Centenas de espécies de rotíferos são todas compostas de fêmeas, os machos tendo sido descartados como desnecessários há 50 milhões de anos. Elas parecem estar se saindo muito bem.

** Mais uma vez, não há muitos dados detalhados a respeito desse tipo de questão. Mas o que de fato sabemos é muito revelador. De acordo com a matemática Hannah Fry, estudos têm chegado a uma média de sete parceiros sexuais para mulheres heterossexuais e treze para homens heterossexuais, embora ela observe que alguns (particularmente os homens) afirmem ter tido milhares, o que significa que a média não é uma estatística muito útil nesse caso. Também sabemos que as mulheres tendem a informar números específicos, contando em ordem crescente, enquanto os homens tendem a arredondar, com frequência para o múltiplo de cinco mais próximo. Ambas são técnicas válidas de estimativa, mas a técnica das mulheres está sujeita a subestimação, enquanto a dos homens, à superestimação. É curioso.

O alienígena observa o *Dunkleosteus*, com seus dentes de navalha e sua armadura, um peixe devoniano de cerca de 400 milhões de anos que copulava de ventre para cima — isto é, uma versão marítima da posição "papai e mamãe" que os tubarões praticam até hoje — para possibilitar a penetração e a fertilização interna (como muitos peixes atuais, os machos também tinham "nós" robustos para poderem prolongar a penetração).

Existe uma orgia de maneiras pelas quais a tatilidade genital ocorre, em qualquer combinação dos dois gêneros nos humanos e em outros animais, mas o ato da penetração sexual é muito antigo. Não obstante, é algo que continua agradando os humanos. O estatístico David Spiegelhalter debruçou-se sobre os números que descrevem nossa vida sexual, e estima que algo em torno de 900 milhões de relações entre heterossexuais ocorrem por ano só na Grã-Bretanha, ou cerca de 100 mil por hora. Se considerarmos que somos 7 bilhões de humanos vivos, são 166.667 relações por minuto.

Por que essa criatura bípede dedica tanto de sua capacidade a tal comunhão física?

É claro que todos sabem a resposta para essa pergunta: o sexo promove a procriação. É assim para todas as espécies sexuadas. Uma combinação do material genético presente nos óvulos e no esperma permite o desenvolvimento de versões novas, mas sutilmente diferentes, da mesma criatura. O principal propósito do sexo é produzir bebês. As fêmeas desejam fazer sexo com os machos, enquanto os machos desejam fazer sexo com as fêmeas. Entre esses dois pilares de necessidade evolucionária, há uma série de pecados.

Não é preciso dizer que nem todas as relações sexuais entre humanos ocorrem especificamente para produzir bebês, mas nos dedicamos a elas por outras razões óbvias: por diversão, para fortalecer os vínculos, por estímulos sensoriais. O curioso sobre a frequência e o esforço dedicados ao sexo entre os humanos é que nosso antropólogo extraterrestre precisaria se esforçar para chegar à conclusão de que nem toda relação sexual é seguida por gravidez ou pela chegada de um pequeno humano. Na Grã-Bretanha, cerca de 770 mil bebês nascem a cada ano — e, se incluirmos abortos espontâneos e induzidos, o número de concepções sobe para cerca de 900 mil por ano.

Isso significa que, daqueles 900 milhões de relações britânicas, 0,1% resulta em concepção. De cada mil relações sexuais que *poderiam* resultar em um bebê, apenas um *de fato resulta*. Em estatística, isso é classificado como não muito relevante. Estamos considerando aqui apenas as relações heterossexuais de penetração vaginal, de forma que, se incluirmos o comportamento homossexual e o comportamento sexual que não pode resultar em gravidez, entre os quais a prática solitária, o volume do sexo que praticamos encolhe, e muito, em seu propósito principal. Assim, podemos, realmente, dizer que o sexo entre os humanos tem como objetivo a procriação?

Os seres humanos são diferentes de outras criaturas. Ao nos dedicarmos a atos que não promovem diretamente nossa sobrevivência, nos livramos das algemas da seleção natural. A evolução dos humanos nos últimos milênios tem sido uma parceria complexa entre nossa base mais biológica e a cultura que desenvolvemos e aperfeiçoamos com nosso intelecto, colaboração e criatividade. Isso significa que a motivação para reproduzir, ou simplesmente sermos cascas para a propagação de nossos genes, foi complicada e distorcida, pelo menos se comparada ao que veio antes.

Ainda assim, ninguém poderia argumentar que não temos sido uma espécie fecunda. Há mais pessoas vivas hoje do que em qualquer outro momento da história. Até 1977, a totalidade ocorreu após o ato sexual entre um homem e uma mulher.* A taxa do aumento da população

---

* O advento da fertilização *in vitro* foi marcado pelo nascimento, em julho de 1978, de Louise Brown, concebida em novembro. Ainda assim, trata-se da fusão entre óvulo e espermatozoide, fornecidos por uma mulher e um homem, portanto, ainda é reprodução sexual. Algumas estimativas sugerem que mais de 5 milhões de bebês gerados através da FIV nasceram desde então. Às vezes, perguntam-me se a FIV, e, especificamente, a seleção de embriões livres de certas doenças por meio da técnica chamada de "diagnóstico genético pré-implantação" terá um impacto significativo na evolução humana. Acredito que a resposta seja não, pois os números são relativamente pequenos, e a técnica é acessível a uma proporção minúscula da população, visto que é complexa e cara.

O LIVRO DOS HUMANOS

teve uma aceleração alarmante. Alcançamos nosso primeiro bilhão no início da era vitoriana, e nosso segundo em 1927. Mas as lacunas entre o segundo e o terceiro, e até os 7 bilhões de humanos vivos hoje, foram se tornando cada vez menores. Isso se deve, em sua maior parte, à nossa imensa capacidade de lidar com doenças, com a mortalidade infantil e com a morte, e não ao fato de termos passado a fazer mais sexo. O uso propagado da contracepção eficaz não parece ter provocado uma diminuição significativa no aumento populacional, embora possa ter tido um impacto no nosso esforço para equilibrar globalmente os recursos disponíveis com nosso desejo de fazer sexo e procriar. Já é difícil encontrarmos estatísticas sobre nossa vida sexual no século XXI, quem dirá no passado, mas não há muitos indícios de que estejamos fazendo sexo com uma frequência significativamente maior do que antes.

Quando se trata de sexo, a taxa de relações reprodutivas em relação a todas as outras atividades sexuais é extremamente menor. Ao pensarmos em nossa vida sexual em comparação ao restante da natureza, a questão torna-se: "Isso é normal?" Passamos muito tempo nos dedicando ao sexo e, ainda assim, uma proporção pequena das relações resulta em bebês. O sexo é uma necessidade biológica, e nosso interesse pela prática claramente se desenvolveu para além de qualquer instinto animal básico. Mas nós somos animais. Nossa obsessão pelo sexo tornou-nos diferentes?

Sobre pássaros e abelhas

Comecemos pelo básico da reprodução sexual, o que pode parecer muito simples, mas, ao longo do reino animal, é algo incrivelmente diverso e caótico. Parte das descrições seguintes do sexo parecerão familiares para nós, enquanto a outra parte, não — ou é o que espero. Mas para entender as complexidades do nosso comportamento sexual, precisamos nos permitir uma breve exploração da vida sexual de outros animais.

Existem muitas formas de ser sexuado, embora elas costumem se encaixar em duas categorias. A primeira dessas formas diz respeito às espécies de dois gêneros, os quais chamamos, tradicionalmente, de masculino e feminino. Nos mamíferos, o gênero é determinado por estruturas distintas de DNA chamadas cromossomos. Herdamos um conjunto de 23 cromossomos de cada progenitor, os quais são combinados em pares, exceto pelo fato de que um dos pares em metade dos casos não combina: as fêmeas têm dois cromossomos X, enquanto os machos têm um X e um Y. O óvulo feminino contém um conjunto de cromossomos, incluindo um X, e cada esperma contém outro conjunto, cada um com um X ou um Y. Nos répteis, nos pássaros e nas borboletas, é o contrário (com uma diferença irrelevante: os machos são WW e as fêmeas são WZ).

Mas essa não é a única maneira de determinarmos o gênero. Em alguns animais, a masculinidade e a feminilidade não são governadas pela presen-

O LIVRO DOS HUMANOS

ça de certos cromossomos, mas por onde se é concebido: para muitos dos répteis, o gênero depende da temperatura, o que significa que diferenças mínimas, como de 1 grau Celsius, onde o ovo é colocado em relação aos demais determina se ele será macho ou fêmea. Para algumas espécies de répteis, um ovo no centro de um aglomerado ficará um pouco mais quente, e, portanto, se desenvolverá como masculino. Para o estranho réptil da Nova Zelândia, tuatara, é o contrário. Entre os crocodilos, nascerá uma fêmea se um ovo for particularmente quente ou frio, e um macho quando ele fica em algum ponto no meio do caminho. E assim por diante. Nosso jeito de produzir machos e fêmeas é apenas mais um entre vários.

Na segunda grande categoria dos organismos sexuados estão as espécies que têm dezenas de gêneros, talvez milhares. A maioria são cogumelos e outros tipos de fungos, seres que não costumamos pensar como sexuados, mas que são. Eles têm o que se chamam "tipos genéticos", ou seções de DNA variáveis entre indivíduos, indicando que um parceiro em potencial é diferente o bastante para garantir o sexo. É difícil encontrar parceiros quando se é um cogumelo, já que seu movimento é muito lento, e o sexo não ocorre com muita frequência. Assim, um raro encontro casual com um cogumelo solitário que, por acaso, tenha o mesmo tipo genético que o seu é um desastre. Logo, vale a pena ter tantas opções quanto possível, e a melhor maneira é tendo diversos tipos genéticos, contanto que nenhum seja o seu.

Cogumelos à parte, a maioria dos organismos sexuados fica na categoria macho-e-fêmea. Em comparação às várias permutações de fungos, quando o assunto é a reprodução sexual que inclui machos e fêmeas, o ato em si é incrivelmente diverso. Pênis na vagina é apenas um deles. É uma técnica antiga, como no caso do *Dunkleosteus*, mencionado anteriormente. Muitos insetos, como o percevejo *Cimex lectularius*, não se preocupam com uma entrada específica para a penetração — o macho perfura o abdome da parceira com um edeago muito pontiagudo, semelhante a uma foice (o equivalente a um pênis), e o esperma encontra o caminho até os óvulos através dos órgãos internos da fêmea. Chamamos isso de "inseminação traumática".

SEXO

Muitos animais não praticam nenhum tipo de sexo com penetração, e a alternativa é a fertilização externa. Como é o caso de muitos peixes, o salmão-rei libera o esperma e os óvulos na água, e o fluido ovariano que envolve os óvulos atua como um filtro altamente seletivo; alguns espermatozoides são simplesmente capazes de nadar mais rápido através desse gel do que outros, uma capacidade que parece ser geneticamente determinada pelas fêmeas: seus fluidos atuam como um filtro que seleciona os melhores e mais geneticamente adaptados nadadores. Os pássaros em geral não têm pênis, e transferem o esperma através de um "beijo genital", onde óvulo e esperma se encontram perto da entrada/saída da cloaca, e são internalizados pela fêmea. Esse é o caso da maioria dos pássaros, mas não de todos. O pato-de-rabo-alçado argentino tem um pênis em forma de saca-rolha que gira no sentido contrário à vagina de saca-rolha da fêmea, assim permitindo a ela reter certo controle sobre quem será o pai de seus filhotes.

Com uma competição por direitos reprodutivos tão acirrada, alguns aspectos do sexo não são determinados apenas em virtude da inseminação da fêmea, mas simplesmente para evitar que outro macho se torne o pai. Como ocorre em todas as competições esportivas, há estratégias ofensivas e defensivas. Na defesa: muitas criaturas de todas as espécies usam plugues copulatórios, barreiras físicas inseridas após o sexo para evitar que outro macho consiga inserir seu esperma. Na ofensiva: algumas moscas do gênero masculino liberam sêmen tóxico para envenenar tentativas posteriores. Alguns peixes e algumas moscas armazenam o esperma em compartimentos e podem regular o quanto liberam, dependendo do número de machos que já tenha feito sexo com uma fêmea, e de onde se encontram na classificação. A tática mais simples é apenas permanecer um pouco depois da relação e, em alguns casos, ainda engatado no coito. Os cachorros fazem isso, e às vezes é possível ver os dois *in flagrante* por cerca de meia hora em um parque local, a fêmea arrastando o macho atrás de si. O pênis do cachorro tem uma segunda seção de tecido erétil chamado nó (ou, mais apropriadamente, *bulbus glandis*), que o ajuda a manter uma ereção após ejacular, produzindo uma âncora vaginal durante algum tempo, com o simples efeito de evitar que outro macho assuma a mesma posição. Não é muito sofisticado, mas bastante eficaz.

Embora haja muitas maneiras para machos e fêmeas praticarem o sexo, muitos animais não são tão binários. A reprodução sexual com dois sexos não implica necessariamente a existência de dois tipos diferentes de organismos ou gêneros. Muitas criaturas são hermafroditas, e comportam os dois tipos sexuais em um só corpo. É o caso, é claro, das angiospermas, que têm tanto pólen quanto óvulos, o equivalente botânico a esperma e óvulo. O primeiro exemplo registrado de reprodução sexuada vem de uma alga, com o nome perfeito de *Bangiomorpha pubescens*, fossilizada há cerca de 1 bilhão de anos no que hoje é xisto canadense. Em fatias microscópicas desses fósseis, podemos ver esporos sexuais, equivalentes ao esperma e ao óvulo.

O dragão-de-Komodo do gênero feminino é capaz de praticar a partenogênese quando a situação requer. Isso significa que ela pode conceber sem ter nenhum tipo de contato com um macho — literalmente, o filho de uma virgem — e na ausência do cromossomo sexual de um pai, toda a prole será composta de machos. Desse modo, ela pode ter relações com os filhos sem precisar ter encontrado um macho (ainda que esse seja o último recurso, já que não é uma boa ideia ao longo de mais de uma geração; sem nenhuma nova informação genética fornecida por um pai, essa procriação consanguínea se torna perigosa).

E há, ainda, o drama de organismos como os platelmintos. Quando dois *Pseudobiceros hancockanus* hermafroditas são tomados pela urgência de reproduzir, eles se enrolam um em torno do outro e iniciam uma agressiva luta frontal com armas em punho, um ato que tem a designação científica de "esgrima peniana". O verme vencedor perfura a cabeça do outro com seu órgão pontiagudo, forçando o perdedor a adotar o papel de fêmea da relação, e a se tornar o receptáculo do esperma e portador do óvulo. É mais fácil produzir esperma do que óvulos, e é mais difícil gestar, então o indivíduo que conseguiu o manto de macho continua livre desse fardo, e pronto para encarar outra rodada com um novo indivíduo. E ainda dizem que não existe mais romance.

SEXO

Na grande árvore evolucionária da vida, platelmintos são animais quase tão distantes dos humanos como qualquer outro, mas a esgrima peniana também é empregada por parentes mais próximos de nós, inclusive entre mamíferos. Muitas baleias travam esse tipo de luta, e os bonobos, primos mamíferos ainda mais próximos, cruzam espadas para resolver conflitos, para fazer amizade e até quando ficam animados com a expectativa de uma refeição (embora esse combate seja meramente competitivo, não resultando em penetração total).

O bodião, a garoupa e o peixe-palhaço são hermafroditas sequenciais. Esses peixes tendem a ter rígidas hierarquias sociais, com uma fêmea dominante que é a mãe de toda a prole. Se o peixe-palhaço fêmea dominante sai de cena, talvez por ter sido comido, o resultado da ausência de seus hormônios no grupo é que um macho — em geral, o maior — sobe um degrau da estrutura social rigidamente estratificada e passa por uma mudança de sexo radical e espontânea. Os testículos se atrofiam, ele desenvolve ovários e, depois de dois dias, ele torna-se ela. O peixe infla, substituindo a fêmea dominante.*

A estrutura social na natureza tem um papel importante em como os gêneros são organizados. Abelhas, vespas e formigas têm dois gêneros, mas igualdade é algo inconcebível. Os machos só têm meio genoma, e sua vida limita-se a duas tarefas: proteger a rainha e a colônia, e fazer sexo sob demanda com as fêmeas. Eles são, literalmente, escravos sexuais. Se esses insetos parecem distantes do nosso clado, duas espécies de mamíferos usam um sistema semelhante. A estrutura social dos ratos-toupeiras-pelados e dos ratos-toupeiras da Damaralândia conta com uma rainha fértil e dois machos para cruza, enquanto os demais são operários estéreis — alguns escavam túneis, outros são soldados.

---

* Um peixe-palhaço do gênero feminino é retirado de cena na abertura do excelente filme de 2003 *Procurando Nemo*. O bravo personagem principal é o menor e o único restante de um cardume de filhotes, sendo criado pelo pai antes de a emocionante aventura se desenvolver. Numa versão biologicamente precisa do filme, o pai, Marlin, se transformaria fisicamente em uma fêmea e depois faria sexo com o próprio filho. Mas acho que essa seria uma história diferente, talvez menos popular.

O LIVRO DOS HUMANOS

Ser um escravo sexual pode ser melhor do que a situação do macho da espécie da aranha-das-costas-vermelhas australiana, cuja melhor tática evolucionária é garantir o jantar romântico ideal: imediatamente depois de liberar o esperma, ele é comido pela fêmea. Se estiver comendo, ela estará ocupada, saciada de alimento nutritivo que ajudará na gestação dos filhotes, portanto será menos provável ter relações com outra aranha do gênero masculino, que poderia remover o esperma do primeiro. Essa estratégia é conhecida como "canibalismo reprodutivo" — talvez a expressão menos sensual já criada.

Outro modelo de galanteio entre os animais tem um nome científico muito melhor. Em organismos socialmente estratificados, é vantajoso para as fêmeas ocasionalmente terem relações com um macho que não é um alfa, mas isso nem sempre é fácil — e pode ser letal — para um macho subalfa. Existem muitas táticas para a distração dos machos dominantes por tempo o bastante para se conseguir um rápido encontro sexual. As andorinhas-de-bando emitem um alarme de ameaça aérea a fim de terem relações rápidas e seguras enquanto os pássaros enganados fogem de um falso ataque. O melhor exemplo é o da siba *Sepia plangon*. Machos à procura de sexo oportunista e seguro com uma fêmea alteram os padrões de cor do lado voltado para os machos dominantes, para se disfarçarem de fêmeas. Os dominantes não identificam nenhuma concorrência, e o macho temporariamente neutralizado tem acesso a uma fêmea — o que, de outro modo, resultaria na fúria do dominante. Esse ardil é oficialmente conhecido como "cleptogamia" — casamento roubado —, mas ninguém o chama assim. O grande biólogo evolucionista John Maynard Smith deu-lhe um nome muito melhor, usado universalmente em círculos evolucionistas: "estratégia do comedor sorrateiro".

Talvez você estremeça — ou acene com a cabeça de forma apreciativa — diante desses atos, tão aparentemente semelhantes ou diferentes do que fazemos. Pode parecer tentador presumir que o reconhecimento de alguns dos mesmos comportamentos em nós indica um ramo ancestral em comum. Aqui, precisamos ter cuidado. A reprodução baseada em

SEXO

organismos que contam com gênero masculino e feminino é, claramente, algo antigo, mas os detalhes de como ela ocorre entre organismos específicos podem ser independentes uns dos outros. As relações sexuais que vemos na natureza não necessariamente têm homólogas entre nós, não importa o quão semelhantes possam parecer.

É claro que os domínios mais numerosos e bem-sucedidos da vida — o das bactérias e o das arqueias — não fazem sexo, simplesmente sofrendo bipartição, dividindo-se em dois organismos para transmitir seus genes para o futuro.* Mas entre os animais (e as plantas e os fungos), o sexo é claramente um truque inteligente para se ter na mochila evolucionária, e se desenvolveu em uma miríade de formas que às vezes parecem familiares, e outras completamente estranhas para nós.

---

* Elas fazem uma espécie de versão do sexo, em que os genes podem ser transmitidos de uma célula individual para outra. Uma expande um *pilus* ("lança", em latim) e transmite um pedaço de DNA para outra. Esse processo, chamado de "transferência horizontal de genes", é o motivo pelo qual nós, humanos, atualmente enfrentamos uma grande crise com a resistência aos antibióticos. Uma vez que um traço útil (como a resistência a uma droga antes letal) desenvolve-se em uma célula, ela pode ser transmitida rapidamente e conforme seja necessário. Também é a razão pela qual a raiz da árvore da vida, antes do surgimento da vida complexa cerca de 2,4 bilhões de anos atrás, não se parece em nada com uma árvore, e sim com uma rede emaranhada, sem ramos distintos, apenas uma rede de fluxo genético proveniente de cada uma das bilhões de células da face da Terra.

Autoerotismo

A principal razão do sexo é a reprodução, e embora exista uma série de maneiras de fazer bebês na natureza, entre os humanos, como vimos, a atividade sexual quase nunca os produz. A questão é: por que há tanto sexo que, claramente, não pode resultar em herdeiros?

Ao contrário das angiospermas, dos rotíferos ou, muito raramente, dos dragões-de-Komodo, a autopolinização não é algo que somos capazes de fazer, e o autoerotismo não funciona. Os números relacionados à masturbação são um pouco confusos; muitas pesquisas foram realizadas ao longo dos anos, com uma variação em como são conduzidas, nas perguntas feitas, nas faixas etárias e em diversas outras variáveis. Quase todas sugerem que a grande maioria das pessoas sexualmente habilitadas se masturbou no ano anterior. Alguns levantamentos sugerem que mais de 90% dos homens o fizeram no mesmo período. Poderíamos filtrar essas estatísticas por vários níveis sociais, mas optei por um número conservador, da Pesquisa Nacional de Saúde e Comportamento Sexual dos Estados Unidos, que informa que, com exceção de três faixas etárias,*

---

* Apenas entre mulheres com menos de 17 anos, mulheres com mais de 60 e homens com mais de 70 o número caiu para menos de 50%. Os resultados da pesquisa variam por muitas razões, inclusive por ter sido feita pessoalmente, quando os números caem, e pela tendência dos homens de aumentar a frequência da atividade sexual e das mulheres de diminuí-la.

SEXO

tanto homens quanto mulheres haviam todos se masturbado sozinhos ao menos uma vez no ano anterior.

Uma das razões para termos dificuldades com os números é o estigma histórico associado.* Enquanto Galeno, grande anatomista grego, recomendou a masturbação para que as mulheres liberassem a tensão corporal, Samuel Pepys não se sentiu muito à vontade ao documentar seu próprio comportamento solitário, registrando-o em um diário secreto. Desde o início do século XVIII, e por um bom tempo depois, a masturbação foi vista pela Igreja da Europa como um pecado colossal, e por outros como algo muito ruim para a saúde. O médico suíço Samuel-Auguste Tissot escreveu um influente tratado em 1760 sobre os perigos profundos do onanismo, que incluíam a afirmativa muito específica de que a perda de uma onça [30 ml] de esperma é pior para a saúde do que a perda de 30 onças [900 ml] de sangue. Espero não precisar apontar que isso não é verdade.** John Harvey Kellogg, o fundador do império do cereal para o café da manhã, tinha uma preocupação semelhante com a emissão prejudicial dos preciosos fluidos corporais da humanidade, e além de criar os flocos de milho, inventou alimentos com a esperança de combater os males da autopoluição e um aparato antionanismo chocante: um tipo de bainha de metal com espinhos no interior para o caso de o usuário ter uma ereção.

Aqueles que lutavam para pôr um fim à masturbação estavam engajados numa causa perdida. Não importam os números precisos, não é absurdo afirmar que a maioria dos humanos que podem se masturbar se masturba.

---

* O maravilhoso livro do estatístico David Spiegelhalter, *Sex by Numbers* (Profile, 2015) é a leitura essencial recomendada aqui, assim como em todas as questões relacionadas à sexualidade. Ele é rigoroso, penetrante, detalhado, robusto e muito divertido.
** Tissot também escreveu no livro *L'Onanisme* que a masturbação resultava em "uma redução perceptível da forma, da memória e até da razão; visão embaçada, todos os distúrbios nervosos, todos os tipos de gota e reumatismo, enfraquecimento dos órgãos envolvidos na reprodução, sangue na urina, perturbação do apetite, dores de cabeça e uma série de outros distúrbios". Se você sofre de qualquer um desses sintomas, favor procurar ajuda médica.

O LIVRO DOS HUMANOS

Mas, sem dúvida, esse comportamento solitário não está limitado aos humanos. Embora fosse mais fácil simplificar a lista dos animais que se masturbam, por ser algo tão comum na natureza, descreverei brevemente alguns dos casos mais esclarecedores.

Muitos pais enfrentarão o momento constrangedor em um zoológico de ter que explicar — ou distrair uma criança de — um primata masturbando-se em plena luz do dia. Os machos de cerca de oitenta e as fêmeas de cerca de cinquenta espécies de primatas são conhecidos como frequentes adeptos da masturbação. A destreza manual pode muito bem facilitá-la, mas é evidente que as mãos não são essenciais para o sexo solitário, e muitos cetáceos em cativeiro esfregam a genitália contra uma superfície dura até ejacularem. Elefantes machos têm pênis preênseis para lhes permitir certo controle navegacional no interior da longa e curva vagina da elefanta, e os machos jovens usam esses músculos para bater o pênis contra a própria barriga até se satisfazerem. Os pinguins-de-adélia machos da Antártida giram e se esfregam, derramando espontaneamente o esperma no chão na ausência de fêmeas.

A explicação parcimoniosa para o volume da masturbação nos humanos é que ela é prazerosa. Não podemos perguntar aos animais se eles gostam do sexo solitário, e temos dificuldade de fazer qualquer tipo de avaliação do prazer. A questão é: por que, afinal, eles fazem isso?

Para as iguanas marinhas de Galápagos, há uma razão reprodutiva muito boa para o autoestímulo. As fêmeas só copulam uma vez por estação, e os machos precisam exatamente de três minutos para ejacular. Machos grandes com frequência removem um menor de cima de uma fêmea antes que ele conclua a cópula, literalmente o arrancando. Mas os machos menores têm uma tática inteligente: eles ejaculam antes de iniciar a relação e armazenam o esperma em uma bolsa especial; assim, mesmo com as limitações de tempo impostas por serem arrancados da tarefa por um macho maior, eles podem deixar o pacote vital sem precisar de três minutos completos.

Há, contudo, muitas emissões não reprodutivas, com algumas ideias interessantes na literatura acadêmica para explicá-las: a liberação de esperma sobressalente ou indesejado é uma delas; a ejaculação espontânea como um tipo de exibição sexual é outra — um antílope africano, o topi (*Damaliscus lunatus*) ejacula depois de cheirar uma fêmea no cio, mas antes da relação, como exibição. O esquilo terrícola africano faz o contrário, ejaculando uma segunda vez depois da cópula com uma fêmea. Esses esquilos são muito promíscuos, especialmente os machos dominantes. A teoria que melhor explica isso é que é por razões de higiene, um meio de o macho se proteger das doenças sexualmente transmissíveis ao limpar o tubo.

Se todos esses exemplos parecem se encaixar nos paradigmas evolucionários, o mesmo não pode ser dito de grande parte das práticas de masturbação. Há uma pequena relutância científica em se considerar o princípio do prazer — que uma ação é simplesmente agradável. Talvez seja porque o prazer e todas as emoções ocorrem na mente, que é difícil de acessar em outros animais. Os seres humanos podem expressar alegria ao falar, e com precisão — *isso é muito bom* —, e confiamos que a sensação é real. Só podemos usar meios indiretos para avaliar o estado emocional dos animais. Pode parecer óbvio: um gato que ronrona ao ser acariciado ou o entusiasmo evidente de um cachorro diante de seu humano. Não é relevante que tenhamos produzido essas características nos animais domésticos ao longo de milhares de gerações, ou que a expressão e a busca do prazer se devam simplesmente à reciprocidade interespécie. Nenhuma dessas razões muito plausíveis para a existência de uma emoção impede que tal emoção seja real. As experiências realizadas com o objetivo de avaliar cientificamente o estado emocional de um animal foram poucas e espaçadas; na página 212, encontraremos uma análise da decepção e do arrependimento em um roedor, mas há estudos que indicam que os ratos gostam de ser tocados por humanos. Eles produzem um ruído agudo que lembra muito o nosso riso, e dão saltos espontâneos chamados *freudensprünge* — literalmente, pulos de alegria. Até onde eu saiba, nenhum estudo foi feito na tentativa de responder à pergunta: "A masturbação faz você se sentir bem?"

O LIVRO DOS HUMANOS

Suspeito que, ao nos apartarmos do restante do mundo natural, talvez não nos permitamos considerar a noção de que sensações tão humanas também estejam por trás de comportamentos semelhantes dos animais, ao menos em certos casos. Na ciência, gostamos de generalizar e encontrar regras que se apliquem a uma série de observações. Recuamos diante de explicações antropomórficas, e sou cínico em relação ao excesso de confiança em explicações certinhas ou panglossianas demais que atribuem tudo à adaptação. Sem dúvida, em parte, o autoerotismo se encaixa facilmente entre a quantidade copiosa de práticas sexuais não reprodutivas que, de fato, provêm de uma estratégia evolucionária. Mas a masturbação é tão generalizada e, ao menos nos mamíferos, caracterizada por tamanha criatividade que explicações adaptativas generalizadas não dão conta.

Médicos de unidades de emergência conhecem inúmeras histórias a respeito de lesões incomuns causadas por formas nada óbvias e criativas de autoestímulo. O grande Alfred Kinsey, pioneiro em uma ousada investigação científica sobre os costumes sexuais dos anos 1950 em diante, fez perguntas em suas pesquisas sobre a masturbação masculina que envolviam a inserção de objetos na uretra. Não devemos julgar, e é preciso dar crédito pela criatividade dos mamíferos cetáceos. Há um caso registrado de um golfinho macho que se masturbou enrolando uma enguia elétrica no pênis.

Usando a boca

Os atos sexuais não são limitados à anatomia da genitália. A boca é uma estrutura anatômica complexa com múltiplas funções mecânicas, mandíbulas, lábios, língua, dentes. É também um manancial de sensações, rica em nervos para o toque, a temperatura e o sabor. Esses traços do orifício oral tornam a boca útil não só para comer, ou para a comunicação, mas para servir de órgão de ação, o que inclui práticas sexuais. O sexo oral não parece ter tido muito espaço nos diversos anais da história erótica, tampouco na arte da Grécia e da Roma clássicas. Talvez a higiene tivesse um papel nessas preferências históricas. Novamente, não é fácil encontrar estatísticas, mas uma pesquisa recente com mais de 4 mil homens e mulheres sugere que mais de 84% dos adultos já experimentaram a felação ou a cunilíngua, nenhum dos quais pode resultar em um bebê. A quase onipresença do sexo oral limita-se aos humanos? Mais uma vez, a resposta é, claramente, não.

Para começar, analisemos brevemente um ato de sexo oral com limitações anatômicas. Henry Havelock Ellis escreveu sobre cabras em seu livro de 1927, *Studies in the Psychology of Sex*:

> Sou informado por um cavalheiro, que é autoridade reconhecida em cabras, de que elas às vezes colocam o pênis na boca e produzem orgasmo, praticando, portanto, a autofelação.

O LIVRO DOS HUMANOS

É um truque interessante para quem consegue empregá-lo. Embora seja fisicamente desafiador para os humanos, o relatório de Kinsey revelou que 2,7% dos homens que responderam à pesquisa já haviam praticado uma bem-sucedida autofelação. Quando eu estava na faculdade, a lenda quase certamente falsa era de que o pervertido deus do rock, Prince, havia feito cirurgia para remover uma costela, a fim de proporcionar prazer oral a si mesmo. O conceito, sem dúvida, não é estranho à cultura humana, no aspecto mais fundamental. Todas as sociedades têm mitos da criação, nem todos tão simples quanto o cristão, uma versão *ex nihilo* do universo de algo do nada, Adão esculpido do barro. De modo muito mais dramático, Atum, o deus egípcio autocriado, praticou a autofelação e cuspiu o próprio esperma, que se dividiu para se tornar os deuses do ar e da água. As pessoas claramente têm pensado nisso há um bom tempo.

A autofelação pode ser rara entre os humanos, e a autocunilíngua com certeza está próxima do fisicamente impossível (até onde vai minha pesquisa, não existe menção na literatura acadêmica). Não obstante, o sexo oral é uma versão comum e popular do sexo não reprodutivo entre parceiros humanos. Nós o praticamos porque é agradável, mas estamos longe de ter exclusividade nesse ato. O sexo oral é generalizado entre os animais, e as razões são mais difíceis de serem analisadas. O sexo oral heterossexual é surpreendentemente comum para o morcego-da-fruta *Cynopterus sphinx*, em que as fêmeas lambem o corpo do pênis durante a relação (o que é feito de forma dorsoventral, ou seja, por trás, mas eles ficam pendurados de cabeça para baixo). Isso tem o efeito possivelmente contraintuitivo de prolongar o sexo. Existem muitas teorias científicas acerca do motivo pelo qual eles fazem isso, mas nenhuma delas, para nossa decepção, pode ser resumida como "porque podem". A relação prolongada pode aumentar a probabilidade de fertilização, ou talvez seja uma prática com o intuito de preservar a parceira — ou seja, evitar que outro macho tenha uma oportunidade. É possível, ainda, que seja outra maneira de evitar doenças sexualmente transmissíveis: a saliva do morcego-da-fruta pode ter propriedades antibacterianas e antifún-

SEXO

gicas. Assim, adicioná-la à lubrificação vaginal durante a penetração pode ser um método de segurança para proteger-se da clamídia e de outras infecções.

Embora não seja exatamente sexo oral (por razões anatômicas), a ferreirinha-comum *Prunella modularis* do gênero masculino muitas vezes belisca a cloaca das fêmeas para remover o esperma de um macho rival. Esse pássaro tão comum faz sexo até cem vezes ao dia, fato impressionante que só é um pouco atenuado pelo conhecimento de que cada relação dura cerca de um décimo de segundo.

Se essas práticas de sexo oral parecem bastante funcionais e desprovidas de romance, o primeiro relatório sobre sexo oral entre os ursos pode oferecer uma perspectiva diferente. Publicado em 2014, ele detalha como ursos-pardos machos sem parentesco passaram seis anos praticando a felação no Jardim Zoológico de Zagreb, na Croácia. Quem oferecia e quem recebia ocupavam sempre os mesmos papéis, e o ato em si acabou ritualizando-se em um padrão previsível. Um se aproximava do outro, deitado de lado. Aquele que oferecia abria fisicamente os membros traseiros do que recebia e dava início à felação, geralmente murmurando. O ato costumava durar entre um e quatro minutos, e claramente resultava em ejaculação por parte do que recebia, qualificada por espasmos musculares. Esses ursos foram criados em cativeiro, e, mais uma vez, tal comportamento pode ser anormal, ao menos se comparado ao dos ursos que vivem em seu hábitat natural, onde a felação nunca foi observada. Os pesquisadores especulam que a prática possa ter sido originada pela ausência de amamentação materna, já que os ursos ficaram órfãos quando filhotes. Seja como for, parece perfeitamente plausível que o comportamento continue sendo adotado por ser prazeroso.

O prazer é a razão que nos leva a praticar o sexo oral. Novamente, assim como ocorre no caso dos exemplos de masturbação em outros animais, a ideia de que a motivação para atos sexuais não reprodutivos possa ser a mesma que temos não atrai os cientistas. Se essa relutância é válida ou não é difícil afirmar, mas, sem dúvida, exemplos em que explicações parcimoniosas podem incluir plausivelmente o prazer — como ocorre no caso dos ursos croatas — são raros. Precisamos estar mais abertos à possibilidade de que alguns comportamentos animais, sexuais ou não, podem ser motivados pelo prazer, mas também precisamos analisar melhor a questão. Até então, o prazer do sexo está, em grande parte, limitado a nós.

Amor pra valer

Autoerotismo, felação, autofelação; poderíamos expor um compêndio de exemplos de sexo não reprodutivo. A variedade de comportamentos sexuais na natureza desafia nossa imaginação, e embora seja divertido explorar essa panóplia, a questão é que o sexo evoluiu para tornar-se muito mais do que um simples ato de reprodução para a maioria dos animais, inclusive nós. Isso não quer dizer que a profusão de propósitos para esses atos sejam os mesmos, nem que atos semelhantes tenham a mesma origem evolucionária. Parece que alguns, notavelmente os muitos atos autoeróticos, podem apenas existir, como no nosso caso, por serem prazerosos. Não devemos cometer o equívoco de presumir que todos os comportamentos têm alguma função complexa: os animais também podem se dedicar ao estímulo sensorial. Ratos gostam de ser tocados, gatos gostam de ronronar, e os ursos-pardos croatas que praticam a felação parecem estar se divertindo.

Os humanos se envolvem em uma grande variedade de comportamentos sexuais, a maioria dos quais não reprodutivos, e alguns observados em certos animais. Poucos discordariam que uma vida sexual saudável entre as pessoas ajuda no desenvolvimento de vínculos e na estabilidade das relações, que podem ser homo ou heterossexuais, monógamas ou polígamas, ou, ainda, outras combinações que não me vêm à mente.

O LIVRO DOS HUMANOS

Assim, embora o prazer no sexo já justifique seu volume, em muitas circunstâncias uma função secundária é o reforço dos elos sociais, principalmente no caso dos casais. Além de nós, apenas um animal se dedica a um repertório sexual tão amplo com entusiasmo comparável, e a questão para os etólogos e os psicólogos é se o fazem como o fazem por razões semelhantes. O bonobo, *Pan paniscus*, é o quinto membro dos hominídeos restantes, ao nosso lado, dos gorilas (*Gorilla gorilla*), dos orangotangos (*Pongo pygmaeus*) e dos chimpanzés (*Pan troglodytes*). Aliás, os bonobos são tão parecidos com os chimpanzés que eram antes chamados de chimpanzés-pigmeus, tendo sido designados uma espécie separada apenas na década de 1950. Eles não são menores do que os primos de gênero de maneira significativa. São morfologicamente diferentes, embora não muito: os bonobos são exclusivamente arbóreos, vivendo em pequenos grupos em apenas uma área florestal perto do rio Congo, na República Democrática do Congo, onde restam menos de 10 mil. Eles costumam ser menos musculosos do que os chimpanzés, com ombros mais estreitos e braços um pouco mais compridos, mais finos. Têm lábios vermelho-rosados e frontes escuras, e, muitas vezes, cabelos meticulosamente divididos ao meio.

Assim como todos os hominídeos, a sociedade deles é muito estruturada. Atipicamente, os bonobos compõem uma sociedade matriarcal. As fêmeas dominantes reinam sobre grupos sociais e determinam o status dos machos com base em sua relação com as fêmeas mais velhas. Elas formam grupos unidos e exercem controle sobre os machos, especialmente no que diz respeito à agressividade e aos requisitos para a eleição de parceiros sexuais. Também de forma atípica, para os primatas, à medida que as fêmeas envelhecem, elas deixam seus grupos originais e, se aceitas pelas matriarcas, integram novos clãs.

Uma das formas pelas quais as fêmeas expressam a existência de vínculos entre si é através de um contato vigoroso entre as genitálias (na literatura científica, isso é chamado de "fricção G-G"). Duas fêmeas aproximam-se e esfregam de forma rítmica o que presumimos serem seus clitóris, durante até um minuto. Seus clitóris ficam inchados, e, às

SEXO

vezes, as participantes emitem sons agudos. As frequências variam, mas algumas observações indicam que elas fazem isso a cada duas horas. Na cultura dos bonobos, essa interação sexual entre fêmeas está longe de ser incomum. Também é uma das principais maneiras pelas quais as fêmeas conquistam seu lugar em novos grupos sociais.

Os bonobos são, sem dúvida, a espécie mais excitada de toda a criação. A fricção G-G não se limita às fêmeas. Ocorre em todas as combinações possíveis, independentemente de gênero, idade ou até maturidade sexual. As fêmeas também praticam com machos, os machos praticam com outros machos, e ambos o fazem com filhotes. Os machos costumam praticar a fricção G-G em posição de monta, ou seja, não face a face, com os pênis inchados tocando-se. Às vezes, eles a praticam face a face com suas ereções, geralmente pendurados no galho de uma árvore.

As estatísticas do comportamento sexual humano envolvem um grande grau de conjecturas, mas acredito ser razoável presumir que ter contato sexual com mais de uma pessoa várias vezes ao dia é incomum. Já para os bonobos, é algo natural.

No entanto, bonobos do gênero feminino engravidam e têm filhotes com mais ou menos a mesma frequência dos chimpanzés — um filhote a cada cinco ou seis anos. Um cálculo aproximado: presumindo-se dez encontros sexuais por dia durante cinco anos (o que está dentro do comportamento observado), e um filhote no mesmo período, isso significa que cerca de uma em 18.250 relações sexuais resulta em um bebê. Não é exatamente a mesma estatística que a citada anteriormente, de que apenas uma em mil relações sexuais entre os hominídeos humanos que poderiam resultar em um bebê de fato resulta — estamos trabalhando com dados incompletos aqui. Ela indica, porém, que compartilhamos um padrão de comportamento com nossos primos mais próximos que nosso cientista alienígena fictício poderia acabar identificando: nós claramente separamos sexo de reprodução.

Muito tem sido feito a respeito da vida sexual dos bonobos, o que é de se compreender, visto que eles são parentes evolucionários próximos e de fato fazem sexo de maneiras mais familiares em relação à nossa

O LIVRO DOS HUMANOS

própria vida sexual do que, digamos, a dos morcegos-da-fruta e dos ratos-toupeiras. Várias afirmações foram feitas sobre eles viverem em uma comunidade "faça amor, não faça guerra", com base apenas na frequência com que têm orgasmos. Essa observação agradável foi feita em contraste com a cultura dos chimpanzés, que é patriarcal, violenta e assassina. Como sempre, a verdade é um pouco mais complicada.

Os chimpanzés machos lutam fisicamente por status e matam para reforçá-lo. Isso nunca foi observado nos bonobos, entre os quais as fêmeas dominam e o status dos machos é determinado em relação ao status das mães, de quem permanecem próximos e dependentes durante toda a vida. Não é certo, contudo, sugerir que os bonobos são hominídeos amantes da paz, para os quais o sexo é uma resposta pacífica para tudo. A agressão letal foi observada entre bonobos selvagens, e grande parte dos seus estudos etológicos foi feita nos hábitats artificiais dos zoológicos, método que pode distorcer resultados. Esses ambientes às vezes parecem criar falsas fêmeas superdominantes, e elas podem ser ultraviolentas em conflitos. Alguns bonobos machos em zoológicos não têm todos os dedos do pé ou da mão, e um no Zoológico de Stuttgart teve metade do pênis arrancado a mordidas por duas fêmeas superiores.

É tentador aplicar interpretações humanas ao comportamento animal, e igualmente tentador sugerir que a presença desses atos sexuais não reprodutivos em nós está relacionada às nossas origens evolucionárias. Mas as evidências não convencem. É problemático tirar quaisquer conclusões sólidas de que eles são evolucionários em suas origens, provenientes de raízes semelhantes ao que observamos nos bonobos, macacos, golfinhos, lontras ou lagartos teiús (como veremos em breve). Os bonobos não são nossos ancestrais, tampouco os chimpanzés.

Muitas vezes, quando estudos dos nossos primos evolucionários mais próximos são discutidos, a implicação é a de que os comportamentos observados nessas espécies explicam os nossos. Os hominídeos têm parentesco mais próximo entre si do que, digamos, com as lontras, mas não se desenvolveram uns *a partir* dos outros. Nós três — chimpanzés, bonobos e humanos — contamos com um ancestral em comum. O que é de fato

SEXO

fascinante no que diz respeito aos bonobos é sua história evolucionária. O Congo é um rio imenso que serpenteia através da África central. Os bonobos vivem apenas na margem esquerda. Foi só recentemente que começamos a tentar entender como eles chegaram lá. Sabemos que o ramo que se tornou o gênero *Homo* — os humanos — e o que deu origem ao gênero *Pan* — chimpanzés e bonobos — se separou entre 6 e 7 milhões de anos atrás em algum lugar da África. Os fósseis desse período e dessa região são escassos, mas um candidato razoável para último ancestral em comum seria a criatura *Sahelanthropus tchadensis*, um hominini muito mais parecido com os chimpanzés do que com os humanos. Esse é um período complexo da história evolucionária dos antropoides, e não existe um consenso científico a respeito de como, onde e quando nossas linhagens divergiram, nem do quão clara foi a divisão.

Após um período, contudo, nossas linhagens haviam de fato se separado, e os chimpanzés e os bonobos formariam um ramo distinto. Assim como reconstruímos a história da população humana usando o DNA, podemos concluir quem se miscigenou com quem — e quando — através da genética, ao comparar o DNA dos chimpanzés e dos bonobos de hoje. Isso revela que não houve fluxo gênico entre chimpanzés e bonobos por pelo menos 1,5 milhão de anos — "fluxo gênico" sendo um eufemismo científico para o sexo reprodutivo bem-sucedido. A análise de sedimentos das margens do rio Congo sugere que ele tem cerca de 34 milhões de anos, e é caudaloso o bastante para servir de barreira impermeável para a maioria dos animais terrestres e para qualquer possível fluxo gênico. Parece que, graças às variações naturais em seu nível durante os caprichos de um clima instável, há cerca de 2 milhões de anos ele estava baixo o suficiente para que uma pequena população fundadora atravessasse o Congo. Esses peregrinos, então, ficariam para sempre isolados na distante margem, e no período transcorrido desde que foram exilados, surgiram todas as características específicas dos bonobos.

É assim que ocorrem muitos eventos de especiação: um pequeno grupo se separa de um grupo maior, mas não necessariamente representa a variação geral vista na população total. Qualquer espécie pode se isolar em comportamento — um grupo começa a se alimentar de uma árvore que dá frutos em um período diferente — ou no espaço — com uma passagem só de ida para o outro lado de um rio que, em outras circunstâncias, é intransponível. Uma vez separados, eles procriam, e o pool genético a partir do qual essa nova população é fundada está livre para seguir seu próprio caminho. Não é difícil conceber pequenas diferenças nos primeiros ancestrais dos bonobos que deram origem à sua liberdade sexual. Entre os chimpanzés, demonstrações de fertilidade, incluindo genitálias inchadas para que todos vejam, claramente acontecem em períodos mais férteis. Para os humanos, não há sinais visíveis dos períodos de fertilidade elevada, que geralmente alcançam seu auge alguns dias após o fim da menstruação.* O fato de que os bonobos ampliaram os sinais de fertilidade para além do óbvio representa uma dica sobre a nossa própria vida sexual. É possível conceber a ideia de que a variação genética natural que influencia o período fértil possa ter sido ampliada pela seleção natural na população fundadora dos ancestrais dos bonobos.

Embora eu prefira ser cuidadoso em relação à interpretação desse tipo de semelhança, isso é crucial para pensarmos na nossa própria evolução. Temos características em comum com as duas espécies do gênero *Pan*, com as quais compartilhamos um ancestral comum muito anterior ao desenvolvimento dos *Pan* e dos *Homo*. Eles divergiram tanto em termos genéticos quanto comportamentais. A genética dos bonobos indica que talvez apenas algumas mudanças na população inicial tenham

---

* Embora muitos tenham afirmado que há sinais físicos e comportamentais: incluindo a simetria dos seios, vermelhidão da face, cheiro, modo de andar, modo de se vestir, entre outros. Em quase todos os casos, os estudos foram conduzidos com amostras pequenas, ou foram metodologicamente falhos ou questionáveis. Um dos mais famosos, que gerou 1 milhão de manchetes sem nenhum questionamento, afirma que dançarinas de *lap dance* em clubes de *strip-tease* recebem mais gorjetas quando estão ovulando do que em qualquer outro momento de seu ciclo menstrual. A ciência usa números para atribuir narrativas a dados, mas esse estudo contou com apenas dezoito supostas dançarinas observadas ao longo de um período de cerca de dois ciclos menstruais, o que qualquer cientista decente consideraria insuficiente.

SEXO

alimentado uma mudança radical no comportamento, e uma estrutura populacional completamente diferente — os *Pan paniscus* são menos violentos do que os *Pan troglodytes*, e usam relações sexuais no lugar da violência para resolver disputas e estabelecer a hierarquia social.

Não fazemos nem uma coisa nem outra. Os bonobos são fascinantes, mas também são efetivamente uma espécie insular, e espécies insulares costumam ser exceções evolucionárias. Por razões de isolamento geográfico, elas podem ser esquisitas, tanto em sua genética quanto no comportamento. Isso não significa que a vida que levam seja irrelevante para a compreensão da nossa própria existência. Contudo, precisamos admitir que a vida sexual dos bonobos é muito diferente da nossa, ou até mesmo de como poderíamos desejar que ela fosse — parece ser bastante exaustiva. O contato sexual entre os bonobos atende a uma função muito diferente se comparado ao nosso. Apesar de os números relacionados ao sexo não reprodutivo serem comparáveis, e de compartilharmos uma base genética muito antiga, a motivação é diferente, assim como as histórias evolucionárias. Não tocamos a genitália alheia para resolver conflitos, ao menos não em uma sociedade civilizada. A desmistificação das nossas preferências sexuais, pecadilhos e predileções vale a análise, mas, novamente, é possível que seja simplesmente bom.

Homossexualidade

De todos os atos sexuais possíveis, só um produz bebês. Não existe uma escala aqui — a concepção ou é possível ou não é. Devido à natureza dos organismos que requerem dois gêneros diferentes em dois indivíduos, uma maneira garantida de fazer sexo e não ter um bebê é com membros do mesmo gênero. No futuro, talvez haja maneiras de óvulos ou espermatozoides serem manipulados para se tornarem geneticamente aptos a uma nova concepção. Ambos são células que alcançaram um estado completamente diferenciado: são maduras, organizaram e dividiram seu DNA total pela metade em preparação para encontrar uma célula equivalente e completar a mão no carteado do início de uma nova vida. Mas, em breve, poderemos ser capazes de desfazer parte desse processo de maturação e reorientar cada célula para tornar-se outra coisa — por exemplo, desfazendo parte do processo de amadurecimento de um espermatozoide e reorientando-o para a formação de um óvulo, ou vice-versa. Desse modo, duas mulheres ou dois homens poderiam, em tese, conceber um bebê com metade do genoma de cada genitor do mesmo gênero.

Isso ainda não é possível. Até o presente momento, dois homens ou duas mulheres juntos não contam com a compatibilidade genética requerida para fertilizar um óvulo e iniciar uma gravidez. A homossexua-

SEXO

lidade, portanto, é uma identidade sexual independente do imperativo evolucionário da reprodução.

Eu poderia citar dezenas de estatísticas diferentes aqui para abordar a questão de quantas pessoas são homossexuais — não existe um número consistente. Tampouco há um padrão consistente de comportamento que nos permita estabelecer definições fáceis ou claras, ou ainda uma demografia. Alguns parecem ser exclusivamente homossexuais desde muito cedo, e outros, exclusivamente heterossexuais. Muitos ficam entre uma coisa e outra, podendo ter uma orientação sexual primária, mas ter tido experiências ou pensamentos homossexuais, bissexuais ou heterossexuais uma vez, ocasionalmente ou com frequência. Alguns estudos mostram que 20% dos adultos já sentiram atração sexual por membros do mesmo gênero, embora a porcentagem de pessoas que chegaram a ter relações homossexuais, em geral, seja metade disso.

A precisão nessa demografia não tem importância quando pensamos no escopo mais amplo da evolução. A homossexualidade existe, e centenas de milhões de pessoas identificam-se como tal. A concepção continua sendo um resultado impossível para o sexo homossexual, o que sugere, de forma superficial, que ele pode ser uma inadaptação. Isso representa um problema em potencial para a busca de uma explicação evolucionária para um comportamento em particular. Como é possível que um comportamento sexual incapaz de produzir herdeiros persista a uma frequência tão elevada? Seria isso um exemplo de algo que delineou uma fronteira entre os animais humanos e os não humanos?

Aparentemente, não. A homossexualidade também é abundante na natureza. Alguns exemplos já foram mencionados, embora talvez os bonobos não sejam uma boa comparação, já que mantêm relações sexuais com todos os membros de um grupo o tempo todo, por razões sociais complexas, mais ou menos como os diálogos travados sobre o tempo.

Tomemos as girafas como exemplo. Elas são um grande sucesso entre os biólogos evolucionistas por uma série de razões. São, é claro, os animais vivos de maior estatura, e aquele pescoço elegante é a principal razão.

O LIVRO DOS HUMANOS

Sua forma exagerada foi historicamente dada como exemplo de como a evolução pode ocorrer sob os auspícios de uma teoria hoje abandonada. Jean-Baptiste Pierre Antoine de Monet, Chevalier de Lamarck, não foi o primeiro a considerar o conceito da evolução — simplesmente, como os animais mudam ao longo do tempo —, mas foi o primeiro a pensar, escrever e publicar a sério sobre o assunto. As girafas, ou *camelopardos*,* como eram chamadas no século XIX, tinham um papel importante em seu esquema. Em 1809, ano em que Charles Darwin nasceu, Lamarck publicou *Philosophie Zoologique*, em que defendeu suas teorias sobre os motivos pelos quais os animais mudam ao longo do tempo. A girafa, argumentou, foi "dotada de um pescoço longo e flexível" ao esticá-lo para alcançar as folhas mais suculentas das acácias.** Ao fazê-lo, algo como um "fluido nervoso" circulava até o pescoço, que, em reação, crescia. Essa aquisição incremental de tamanho seria transmitida para os filhotes, e o processo se repetia.

Passados cinquenta anos, *A origem das espécies* foi publicado, suplantando completamente a ideia da herança de traços adquiridos:*** as experiências de uma vida não alteram o DNA de maneira que possam ser transmitidas para a geração seguinte, e, portanto, têm pouca ou nenhuma influência sobre os genes nos quais a seleção natural atua. Darwin relegou Lamarck à categoria dos importantes, meticulosos e grandes pensadores científicos que não estavam certos a respeito de suas grandes ideias. De vez em quando, nós ridicularizamos Lamarck por estar errado

---

* Girafa, em grego antigo, é *kam lopárdalis*, da nomenclatura biológica "diga o que vê": camelo, porque tem um pescoço comprido, e leopardo, por causa das manchas.

** Charles Lyell, escrevendo em crítica à evolução lamarckista, no Volume 2 de *Principles of Geology* (John Murray, 1837).

*** A epigenética é uma parte importante da genética. É um dos poucos mecanismos pelos quais o DNA recebe instruções do ambiente, mas, nos últimos anos, virou modismo questionar se as marcas epigenéticas podem ser transmitidas para a geração seguinte, tendo sido adquiridas durante a vida, o que pode ser um tipo de evolução neolamarckista. Há algumas evidências de que certos traços epigenéticos são transmitidos, mas nenhum deles é permanente. Portanto, não há evidências de que a herança lamarckista é correta, tampouco de que tem um impacto sobre a seleção natural ou a solidez da evolução darwiniana.

atualmente, o que é um insulto ao seu minucioso trabalho. Suas ideias foram suplantadas pela maior de todas as teorias científicas, pelo maior de todos os biólogos. Todos os cientistas precisam estar errados tantas vezes quantas possam, pois é a partir daí que descobrimos o que está correto, aproximando-nos pouco a pouco da verdade. Há uma estátua no Jardin des Plantes, em Paris, em que se vê a filha falando com um Lamarck envelhecido e cego. A frase gravada na base é: "A posteridade há de admirá-lo e vingá-lo, meu pai."

Foram os dados que mataram a teoria da evolução de Lamarck. A herança de traços adquiridos está errada por várias razões, a principal sendo porque nunca descobrimos um mecanismo pelo qual a informação pode ser transmitida para gerações seguintes. Não enxergamos a modificação de um traço em gerações seguintes como resultado da experiência — ursos-polares em zoológicos continuam sendo brancos, apesar de não passarem muito tempo na neve. Em um exemplo mais prosaico, as girafas costumam procurar alimento com mais frequência à altura dos ombros, e esticar o pescoço para alcançar folhas mais elevadas e, teoricamente, mais suculentas não é uma suposição sustentada pela observação. Não obstante, seu pescoço continua sendo ilustrativo para a evolução darwiniana. Traindo sua ancestralidade compartilhada com outros animais, ele tem o mesmo número de vértebras que o nosso e o dos ratos. Cada uma delas, claro, é muito maior. O pescoço também abriga o nervo laríngeo recorrente — encontrado nos humanos e em peixes de parentesco muito mais distante —, que enerva parte da laringe. Nas girafas, esse nervo faz um desvio absurdo de 4,5 metros, uma volta sinuosa ao redor de uma artéria importante que vem diretamente do topo do coração. E é exatamente isso que ele faz em nós, com a diferença de que essa volta no pescoço foi esticada para cima e para baixo com muito desperdício. O fato de sua posição anatômica ser exatamente a mesma em nós e neles é uma marca da evolução cega e ineficiente na natureza, que o próprio Darwin descreveu como "desastrada, onerosa, [e] falha".

O LIVRO DOS HUMANOS

A origem desse lindo pescoço também foi atribuída à seleção sexual. Ele é extravagante e levemente absurdo, como a cauda de um pavão, então poderia ser um exemplo do modelo da seleção sexual de Fisher, que diz respeito aos traços exagerados observados nos machos de tantos animais. É aqui que a vida sexual das girafas fica interessante. O pescoço, sem dúvida, é uma parte importante do comportamento sexual e social. Desde 1958, o conflito entre girafas do gênero masculino, observado com tanta frequência, é chamado de *necking*.* Eles enroscam e dobram o pescoço. É algo incrível de se assistir, pescoços torcidos e dobrados em ângulos quase retos, a graça habitual dos animais substituída por uma agressividade desajeitada e pernas atrapalhadas, sem nada do poder elegante de dois cervos cruzando os chifres.

O *necking*, como acontece com seu homólogo humano adolescente, muitas vezes faz parte das preliminares para uma prática sexual mais séria. Parece semelhante a muitos comportamentos competitivos entre machos que precedem a cópula com uma fêmea. Eles lutam, e um sai vencedor. A principal diferença entre as girafas parece ser que, após uma rodada pesada de *necking*, os machos costumam ter uma relação sexual com penetração.

---

* Verbo derivado do termo *neck* (pescoço, em inglês). [*N. da T.*]

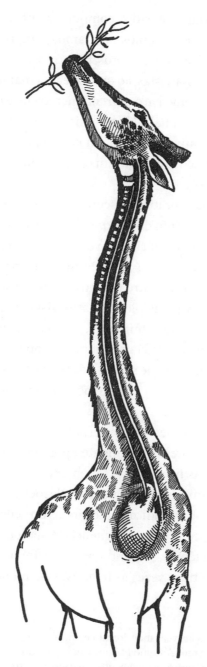

Nervo laríngeo recorrente da girafa

Como acontece com tantos dos comportamentos interessantes dos animais selvagens que observamos e tentamos compreender, não houve muito trabalho nessa área. Os números, portanto, não são muitos, e conclusões sólidas são escassas. Mas, ao que parece, a maioria dos encontros sexuais entre as girafas envolve o enfrentamento entre dois machos com *necking* seguido por sexo anal.* Nem todos os enfrentamentos com *necking* resultam na tentativa de monta ou na monta bem-sucedida, mas, em muitos casos, os machos que entram em confronto acabam com pênis eretos desembainhados.

As girafas costumam praticar a segregação por sexo na maior parte do tempo. O comportamento do *necking* acontece quase exclusivamente entre os machos. Em um relatório, com o registro de mais de 3.200 horas de observação realizada ao longo de três anos em parques nacionais da Tanzânia, dezesseis montas entre machos foram vistas, nove das quais com um pênis ereto. A princípio, os naturalistas presumiram que se tratava de uma expressão de dominância, mas não observaram nenhuma atividade (geralmente, indicada por submissão ou por uma postura em particular) em torno do ato que servisse de base para a ideia. No mesmo período, eles viram apenas um macho montar uma fêmea. Dezesseis de dezessete equivalem a 94%.

Não sabemos por que eles se comportam assim. No mesmo período, nasceram 22 filhotes, presumivelmente após relações heterossexuais — então, a maioria das montas não foi observada, mas isso sugere que também aconteceu um número maior de relações entre machos. Esses dados e outras observações indicam que girafas do gênero masculino não cruzam com fêmeas com muita frequência. Quando cruzam, lambem e cheiram a urina da fêmea, seguindo-as aonde forem por dois dias. As fêmeas frustram repetidas vezes as tentativas de monta do macho pela

---

* Esse comportamento, inclusive, é mencionado no filme de 2000 *Gladiador*: o vendedor de animais e escravos humanos Antônio Próximo, interpretado pelo falecido Oliver Reed, queixa-se, contrafeito, para outro vendedor, que seu gado não está reproduzindo, dizendo entre dentes "você me vendeu girafas bichas".

SEXO

tática extremamente indiferente de apenas continuar andando. Em algum momento elas acabam parando, se estiverem com vontade.

Mesmo com a devida cautela científica, parece seguro afirmar que a maioria dos encontros sexuais entre girafas são relações homossexuais entre machos. A lógica determina que uma espécie exclusivamente homossexual não sobrevive por muito tempo. Entretanto, um em dez é o suficiente para uma espécie se manter, e 22 filhotes nascidos em um período de três anos é uma prole razoável. As girafas fêmeas parecem passar apenas dois dias do ano férteis e receptivas, e com um período de gestação de até um ano e um trimestre, não estão particularmente suscetíveis a uma transição geracional muito rápida. Os encontros homossexuais são, claramente, uma atividade com significado social, embora não pareça ser o estabelecimento de uma hierarquia ou domínio. Não sabemos muito além disso.

Muitos outros animais também praticam sexo homossexual, entre os quais ratos, elefantes, leões, macacos e pelo menos vinte espécies de morcego. Há menos exemplos documentados de homossexualidade entre fêmeas, mas também há muito menos dados da sexualidade feminina entre os humanos e outros animais em geral. Como ocorre em tantas áreas da ciência, há uma preferência histórica pela compreensão do comportamento masculino. Das relações sáficas que, de fato, conhecemos, temos uma compreensão melhor dos princípios biológicos que podem estar envolvidos. Fazendeiros estão bastante acostumados à atividade homossexual entre cabras, ovelhas, galinhas, e até mesmo julgam ser um sinal de fertilidade vacas que montam umas às outras. Os lagartos--rabo-de-chicote se reproduzem usando a partenogênese, o nascimento virgem também observado nos dragões-de-Komodo, e a monta entre fêmeas pode ser o mecanismo de indução da ovulação. Assim como os bonobos, as hienas vivem sob o matriarcado. As fêmeas são dominantes, mais agressivas e mais fortes do que os machos. Elas também têm genitália incomum: o clitóris é imenso, erétil e só um pouco menor do que o pênis masculino. As fêmeas lambem o clitóris umas das outras com frequência, para estabelecer vínculos sociais e hierarquia.

A homossexualidade é uma charada evolucionária, embora haja muitas ideias sobre como esse comportamento pode persistir ao longo do tempo. Nos humanos, já houve evidências de regiões do DNA associadas à homossexualidade masculina. Isso não é o mesmo que um "gene gay", como a mídia faria você pensar, visto que não existem genes "para" comportamentos complexos. Mas parece (embora os dados sejam limitados) que certas seções do código genético ocorrem em versões mais comumente associadas à homossexualidade. Embora possa parecer uma afirmação insípida e limitada, é este o ponto em que estamos na genética e nos comportamentos sociais complexos. Quase nenhum traço humano é determinado por uma pequena mudança do DNA, e sim por inúmeros fatores genéticos que interagem e contribuem com pequenos efeitos combinados à experiência da vida.*

Fora da genética pura e simples, foram realizados muitos estudos com gêmeos a respeito da homossexualidade masculina. Gêmeos idênticos têm DNA (quase) idêntico, de modo que quaisquer diferenças comportamentais provavelmente são causadas por fatores não genéticos — ou seja, ambientais. Os diversos estudos produziram muitos percentuais diferentes, mas todos sugerem que, se um gêmeo idêntico é homossexual, o outro tem, em média, mais chance de ser homossexual em comparação aos gêmeos fraternos. Há também o fato de que os estudos mostram que ter um irmão homossexual mais velho aumenta a probabilidade de um irmão mais novo também ser.

Pouco se duvida de que a homossexualidade tenha um componente genético — todos os comportamentos têm. Muitos genes influenciam traços biológicos em conjunto com o meio ambiente em que atuam. Genes que reduzem o sucesso reprodutivo acabam por ser eliminados, visto que os indivíduos que os possuem ficam em desvantagem. A ques-

---

* Como ocorre em tantas pesquisas sobre os humanos, mais se sabe sobre os homens do que sobre as mulheres, e, especificamente, há uma escassez de pesquisas sobre a genética das mulheres homossexuais. No entanto, as lésbicas, em média, tendem a ser mais fluidas do que os homens gays, o que significa que seu comportamento e sua identidade sexuais têm mais chance de mudar ao longo da vida.

tão para os biólogos evolucionistas é: por que esses genes não saíram do pool genético? Como machos homossexuais têm menor probabilidade de ter filhos, em uma primeira análise os genes envolvidos deveriam estar sujeitos a serem excluídos do genoma.

A primeira possível resposta é que, talvez, a homossexualidade exclusiva tenha sido historicamente rara. Existe um problema de terminologia aqui, pois tendemos a analisar o comportamento sexual através de lentes modernas e ocidentais. O modo como falamos sobre a homossexualidade hoje costuma representar uma identidade, e não a simples descrição de um comportamento. Desconsidero esse limite ao escrever estas páginas, o que não é possível de ser feito quando falamos sobre a homossexualidade entre humanos. Aqui, falo sobre o que hoje podemos chamar de não conformidade sexual ou de gênero. Ter relações sexuais com pessoas do mesmo gênero nem sempre foi considerado nos mesmos termos que é hoje na nossa cultura, e, em muitos exemplos, pode ser mais bem apreciado como "algo que eles fizeram" em vez de "algo que eles são". Com isso em mente, ocorrências da atividade dentro do mesmo gênero são descritas entre os gregos e os romanos da Antiguidade, entre povos indígenas das Américas, no Japão e em muitas outras sociedades históricas, com uma mistura de aceitação cultural.

Em muitos desses exemplos, pode não ter sido uma prática exclusiva, e, portanto, a procriação e a perpetuação de uma base genética de comportamentos sexualmente diversos podem persistir sem obstáculos. Embora a homossexualidade entre animais ocorra em todos os lugares, também é raramente exclusiva. Há alguns casos de animais interessados apenas em parceiros do mesmo gênero: cerca de 8% dos carneiros domesticados parecem só ter relações sexuais com outros carneiros. Diversas ideias foram sugeridas para explicar isso, e, como muitas vezes ocorre na ciência, a resposta pode muito bem ser uma combinação de todas elas.

Uma das ideias-chave da biologia evolucionista é a seleção de parentesco. Ela se baseia na noção de que é o gene — e não o indivíduo, o grupo ou a própria espécie — que está sendo selecionado pela natureza. Acontece que a melhor maneira de um gene sobreviver no futuro é

O LIVRO DOS HUMANOS

conspirando em conjunto com vários outros genes de mesma motivação egoísta, tudo dentro de um organismo cujo trabalho é assegurar a reprodução destes. Essa é uma teoria estabelecida, uma pedra angular da evolução, e explica o comportamento de todos os tipos de organismos sociais, especialmente as abelhas, as formigas e as vespas, entre as quais a maioria dos machos não reproduz em absoluto. Todos compartilham seu DNA com a mãe, que reproduz em larga escala, tendo-se, assim, desenvolvido um sistema pelo qual, matematicamente, machos estéreis auxiliam uma fêmea fértil para acomodar a sobrevivência e a propagação genética de ambos.

A seleção de parentesco foi sugerida como mecanismo pelo qual a homossexualidade pode ter sido preservada ao longo da história evolucionária, apesar de parecer uma inadaptação. Há dois tipos de parentesco que foram explorados em tentativas de se explicar a existência persistente de homens homossexuais. A "hipótese do tio gay" sugere que ter um membro próximo na família que é homossexual aumenta a chance de sobrevivência de um sobrinho ou uma sobrinha pela ajuda na sua criação, proteção e alimentação. O imperativo biológico é que eles compartilham uma grande proporção de seus genes, e os genes do tio gay sobrevivem, ainda que ele não tenha filhos. Não é diferente de outros exemplos de suporte reprodutivo em organismos sexuados, entre os quais indivíduos com genes compartilhados ajudam na sobrevivência de descendentes que não são seus filhos. Tios gays são parecidos, nesse aspecto, com outro possível exemplo de parente que é importante para a evolução: a "hipótese da avó" (que também serve como meio de explicar a existência da menopausa). Quando as mulheres deixam de ser capazes de reproduzir, elas não desaparecem da sociedade e morrem, mas, em vez disso, continuam por perto e podem ajudar a criar os netos, com quem compartilham 1/4 de seu DNA. É uma ideia popular, e pode ser verdadeira, embora os dados relacionados aos humanos não sejam muito abundantes. Também pode ser verdadeira entre as orcas, que operam estruturas sociais complexas chefiadas por velhas matriarcas, e estão entre as três espécies que sabemos

SEXO

ter a menopausa (a baleia-piloto-de-aleta-curta é a terceira).* A ideia do tio gay é o equivalente homossexual à hipótese da avó. O problema é que simplesmente não há muitos dados que sustentem nenhuma das duas.

Há outra explicação para a qual os dados são mais persuasivos. Em 2012, um estudo indicou que as avós e tias de homens homossexuais tinham um número significativamente maior de filhos do que as de homens heterossexuais. O aumento da fecundidade dessas mulheres parece, adequadamente, compensar a ausência de fecundidade dos próprios homens. Isso sugere que uma base genética que predispõe os homens à homossexualidade também pode ser o mesmo código que facilita o aumento da fertilidade de seus familiares do gênero feminino. Isso não necessariamente significa que esteja causando uma coisa ou outra, mas pode gerar uma tendência nessas direções, o que é matematicamente suficiente para compensar a aparente perda de legado genético. É uma ideia interessante, e os dados são convincentes, mas as pesquisas só começaram. Embora o tamanho da amostra seja grande, trata-se apenas de um estudo, sendo necessário muito mais trabalho. Se é ou não o caso entre os carneiros exclusivamente homossexuais é algo ainda a ser investigado.

Entre os animais, a homossexualidade existe em abundância. O importante é observar que não sabemos por que as girafas ou qualquer outro animal apresenta comportamento homossexual, mas não devemos presumir que é por razões relevantes à sexualidade humana. Mesmo dentro do comportamento humano, há muitos exemplos de atos sexuais entre homens que são ritualísticos, e não estão de acordo com as identidades sexuais dos homens que se descrevem como gays. Os sâmbias são uma tribo das Terras Altas Orientais, na Papua-Nova Guiné, que acredita que a ingestão de sêmen é

---

* Muito disso é proveniente de um estudo de décadas em um baleal de orcas específico no Noroeste Pacífico, liderado por um indivíduo conhecido como Granny [Vovó]. Em quarenta anos, ela não teve nenhum filhote, mas dados colhidos ao longo de um grande período de tempo sobre essa população indicam que a sobrevivência de um macho é seriamente ameaçada pela morte de sua mãe, e mais ainda se ela já tiver passado da menopausa. Granny morreu em 2017, após uma vida longa e significativa.

O LIVRO DOS HUMANOS

um rito de passagem essencial para a fase adulta masculina. Meninos que se aproximam da pubescência praticam sexo oral com homens mais velhos por muitos anos, até se envolverem com uma jovem, que também pratica a felação com ele por alguns anos. Alguns homens abandonam nessa fase as práticas sexuais com o mesmo gênero, enquanto outros, não. Antropólogos afirmaram que o comportamento homossexual é meramente ritualístico e, portanto, não erótico, embora isso me pareça um argumento fraco, já que a excitação sexual é um pré-requisito para o ato de expelir sêmen.

Os homens do povo Marind-Anim, da Nova Guiné, apreciam a copulação anal com outros homens ao longo da vida, prática associada à crença de que o sêmen tem propriedades mágicas: ele é colocado nas pontas de flechas e lanças para ajudá-las a encontrar seu alvo, e ingerido em misturas por homens, mulheres e crianças. Receber sêmen através do sexo anal é visto como um meio de aumentar a masculinidade.

A variedade das versões do contato genital entre nós e entre outros animais demonstra que o sexo, claramente, não serve apenas para fazer bebês. Às vezes cometemos o erro de presumir que determinado comportamento é um antecedente evolucionário ao nosso, ou que, por outro lado, surgiu em paralelo por ser um bom truque. O maravilhoso carnaval da natureza mostra que o sexo é importante e que a evolução encontra maneiras de usar o que tem à sua disposição para fazer o que precisa ser feito. Muitas pessoas conhecem a máxima do biólogo François Jacob ao descrever a seleção natural como um cientista maluco. Gosto de pensar nas palavras do presidente americano Teddy Roosevelt: "Faça o que puder, com o que tiver, onde estiver."

A evolução inventou partes combinadas por tentativa e erro, que podem ser empregadas para se experimentar coisas novas ajustadas ao ambiente em constante mutação. A reprodução sexual é, claramente, uma capacidade útil de se ter no nosso arsenal, e está conosco há, pelo menos, 1 bilhão de anos — desde antes de a vida complexa preencher os oceanos, o céu e a terra. Desde então, a função básica da produção de herdeiros a partir de dois genitores foi eleita inúmeras vezes para a criação de oportunidades infindáveis de beneficiar a sobrevivência.

SEXO

Poderíamos tentar desconstruir a ontologia do comportamento homossexual em nós. Poderíamos tentar deslindar e extrair os sinais biológicos e sociais que levam uma pessoa a ter a preferência por um "tipo", ainda que envolva loiras, ou bondade, ou físico atlético, ou tipos loiros atléticos e bondosos do mesmo gênero, ou ainda ritos culturais papuásios de passagem para a fase adulta masculina. Como todos os comportamentos, a sexualidade é programada não só por genes ou pelo ambiente, mas por interações impenetráveis entre biologia e experiência.

Existe um ponto político que, inevitavelmente, emerge disso. A homossexualidade é abundante entre animais não humanos. De um ponto de vista superficial, ela parece ir de encontro aos princípios gerais da evolução, mas, quanto mais analisamos a etologia do sexo, menos parece necessariamente problemático para a ciência.

Por mais hilário que pareça, em novembro de 2017 uma autoridade queniana respondeu a relatos e fotos de dois leões grandes de Masai Mara praticando sexo anal (como o fazem com frequência) com a declaração de que eles deveriam ter copiado o ato depois de terem visto homens praticando-o.* Imagine o que ele pensará quando descobrir sobre as girafas.

Por mais engraçado que isso seja, homens e mulheres homossexuais são perseguidos, presos, torturados e assassinados em muitos países do mundo inteiro, inclusive no Quênia, sofrendo preconceito generalizado. Historicamente, a afirmação de que isso é *contra naturam* — contra a natureza — tem sido feita para justificar a perseguição. Seja qual for a origem da intolerância homofóbica, a ciência não está do seu lado. Como vimos, a homossexualidade é natural, e está em todos os lugares.

---

* Ezekial Mutua é o presidente do Comitê de Classificação Cinematográfica do Quênia. Durante a mesma entrevista, ele esclareceu sua posição: "Não regulamos os animais", acrescentou, desnecessariamente.

E a morte não terá domínio

Abordemos, brevemente, um último ato social que tem chance nula de resultar em concepção: a necrofilia. Não há muitos dados disponíveis sobre sua prevalência, seja em pensamento ou na prática, entre os humanos (há muito mais pessoas fantasiando relações sexuais com mortos do que fazendo), mas isso é ilegal na maioria dos países. O status da necrofilia sob a lei, não obstante, não é igual no mundo inteiro: ela só foi especificamente proibida no Reino Unido em 2003, e nos Estados Unidos não existe nenhum decreto federal legal sobre o tema; cada estado tem seu próprio ponto de vista. O sexo com os mortos é considerado uma parafilia, um desvio anormal que indica uma psicopatologia.* Ainda que essa seja uma afirmação incontroversa, a prática é vista em dezenas de animais.

O comportamento nos zoológicos costuma ser estranho; os artifícios da vida em cativeiro provocam desvios no que os animais podem fazer

---

* Em 2009, um relatório do *Journal of Forensic and Legal Medicine* descreveu um novo sistema de classificação para a necrofilia com dez classes, inclusive a interpretação de papéis, em que se tem prazer ao fingir que seu parceiro sexual está morto; os necrófilos românticos, que durante o luto permanecem ligados ao corpo do amante falecido; os necrófilos oportunistas, ou aqueles que geralmente não têm interesse pela necrofilia, mas aproveitam a oportunidade quando ela surge; e os necrófilos homicidas, que cometem assassinato a fim de fazerem sexo com a vítima.

SEXO

normalmente em seu hábitat natural, quando não são perturbados pelos humanos. Ainda assim, muitos animais nessa situação têm praticado atividades que talvez os visitantes não esperassem presenciar durante um passeio pelo zoológico, como é o caso das baleias-piloto do gênero masculino, que, desde a década de 1960, têm sido vistas tentando praticar sexo com penetração com fêmeas mortas.

Não é, contudo, algo que ocorre apenas no contexto artificial do cativeiro. A necrofilia é comum na vida selvagem. O sexo com indivíduos mortos é um fato conhecido entre os pinguins-de-adélia desde o início da exploração da Antártida, conforme documentado por um cientista a bordo da última e fatal viagem do capitão Scott ao sul. O comportamento dos pinguins foi considerado uma "chocante depravação", e repulsivo demais para as delicadas sensibilidades eduardianas; o fato foi removido do maior relatório liberado para o público, escrito em grego e disponibilizado apenas para um grupo seleto de intrépidos cavalheiros cientistas britânicos.*

Em 2013, no Brasil, dois teiús da espécie *Salvator merianae* foram observados copulando com uma fêmea morta havia dois dias, durante os quais ela inchou e entrou em putrefação.** O imperativo sexual é tanto, provavelmente motivado pela permanência dos sinais provenientes dos feromônios emitidos pelas fêmeas para indicar disponibilidade sexual, que foram registradas tentativas de cópula entre rãs e cobras com fêmeas decapitadas e atropeladas por caminhões, respectivamente. Em uma descrição brutal publicada em 2010, lontras-marinhas do gênero masculino foram observadas tentando copular à força com fêmeas, algumas vezes

---

* O artigo teve autoria do cientista George Levick, participante da expedição do capitão Falcon Scott de 1910-12, que acabou com a morte de Scott. Levick descreveu os jovens pinguins machos como "grupos violentos de meia dúzia ou mais [que] frequentava os arredores das colinas, cujos habitantes perturbam com seus constantes atos de depravação".
** Todo respeito ao autor Ivan Sazima por ter dado ao relatório o título de "Corpse bride irresistible: A dead female tegu lizard (*Salvator merianae*) courted by males for two days at an urban park in south-eastern Brazil" [Noiva-cadáver irresistível: Fêmea de teiú (*Salvator merianae*) morta cortejada por machos durante dois dias em parque urbano no sudeste do Brasil].

O LIVRO DOS HUMANOS

afogando-as, e em outras causando ferimentos (como abdomes e vaginas perfurados) tão graves que elas morreram em seguida. Os machos foram vistos fazendo sexo com as carcaças durante muitos dias. Ainda mais chocante, fizeram isso não só com fêmeas da mesma espécie, mas também com focas comuns.

Talvez não haja um momento mais pertinente para apontar, mais uma vez, que os comportamentos que observamos em animais não humanos não estão, necessariamente, relacionados aos nossos. Sejam quais forem as patologias que provocam o comportamento necrófilo nos humanos, eles não têm relação com as motivações dos outros animais, sobre as quais podemos fazer especulações científicas ou permanecer agnósticos.

A necrofilia, ainda que desagradável, acabou sendo essencial para a compreensão de parte da biologia sexual por meio de um cuidadoso projeto experimental. Anteriormente, mencionei a competição do esperma como um mecanismo importante pelo qual os machos concorrem por fêmeas provocando conflito não no nível individual, mas por meio da ejaculação. Em algumas espécies de pássaros, os machos não parecem se importar muito com o fato de sua parceira estar viva ou não, e os cientistas usaram essa despreocupação para estudar a biologia sexual. Pesquisadores coletam pássaros do gênero feminino que morreram recentemente e os colam em um galho. Os machos acasalam, liberando o esperma por meio do respeitoso beijo cloacal, e alçam voo, seu imperativo sexual aparentemente satisfeito, e os cientistas colhem o esperma para análise em seguida.

Sexo e violência

O sexo é um ato físico entre indivíduos, e, por razões discutidas anteriormente, as inclinações sexuais podem não ser as mesmas em machos e fêmeas — o investimento metabólico em óvulos e esperma é desigual, e essa diferença serve de agente para a seleção sexual. A partir dessa força evolucionária, vemos diferenças físicas óbvias entre machos e fêmeas, tais como em tamanho, na genitália (os principais atributos sexuais), na ornamentação (atributos sexuais secundários) e no comportamento. O fato de haver uma diferença nos imperativos sexuais e de o sexo ser um ato corporal significa que o conflito físico é uma parte frequente dos encontros sexuais.

As palavras usadas no parágrafo anterior são deliberadamente cuidadosas ao ponto de serem deselegantes. A linguagem que usamos para descrever o comportamento sexual em animais não humanos é problemática. Temos palavras específicas para comportamentos humanos específicos, mas outras que parecem analogias muito claras em animais não humanos. Existem diversos casos de "sexo transacional" entre, por exemplo, as fêmeas dos pinguins-de-adélia, que precisam de pedras para construir seus ninhos, fazem sexo com um macho com o qual não têm vínculos, e depois pegam um de seus seixos. Isso é chamado de "prostituição" pela mídia. Há um estudo em que os macacos rhesus parecem

O LIVRO DOS HUMANOS

trocar uma *commodity* — nesse caso, água — pela simples contemplação de imagens de macacos de status superiores e fotos de genitálias de macacas no cio, tiradas por trás. Isso foi retratado na mídia como "macacos gostam de pornografia pay-per-view".

O sexo entre os animais muitas vezes parece violento. Precisamos abordar esse assunto com cuidado. A violência sexual entre os humanos é um crime gravíssimo, e o estupro, um ato de profunda violência e violação da anatomia pessoal. Mas é também uma cultura antiga, com descrições de violência sexual e estupro nos nossos textos mais remotos. Entre estes, estão o estupro de Hera, Antíopa, Europa e Leda, todos por Zeus; Perséfone, por Hades; Odisseu, por Calipso; no Gênese, no Antigo Testamento, Ló oferece as filhas gêmeas para serem estupradas por uma multidão furiosa, embora eles neguem sua oferta, sendo, em vez disso, cegados por anjos. Os anjos queimaram Sodoma, e Ló e a família fugiram, mas sua esposa olhou para trás, tendo sido transformada em uma estátua de sal.

Já foi sugerido por alguns psicólogos que o estupro é uma estratégia evolucionária para os humanos.* A meu ver, trata-se de uma consideração irrefletida, talvez a versão mais destrutiva e controversa de uma "história assim mesmo". Sem levar em conta as implicações sociais significativas de o estupro ter um benefício evolucionário direto, de um ponto de vista puramente científico ela mal passa de mera sugestão, porque a base de dados que a suporta é bastante inadequada.** A ideia, como ocorre em grande parte da psicologia evolucionista, é que hoje vemos vestígios de um comportamento que se desenvolveu e foi promovido pela seleção natural em nossa pré-história: os homens que estupravam

---

* Mais proeminentemente no livro *A Natural History of Rape: Biological Bases of Sexual Coercion*, de Randy Thornhill e Craig Palmer (The MIT Press, 2000).
** Para os propósitos dessa breve discussão, refiro-me apenas ao estupro de mulheres por homens. Esse é o crime sobre o qual temos mais dados. O estupro de homens por homens (e, em menor número, de mulheres por mulheres) ocorre, mas não pode resultar em concepção, não havendo argumento revolucionário convincente para sua existência.

SEXO

no Pleistoceno tinham mais filhos do que os que reproduziam com consentimento, e, portanto, os genes que encorajam o sexo coercitivo se propagariam, continuando presentes até hoje. Dois dos argumentos para essa teoria são: vítimas de estupro tendem a ser jovens e a estar no auge da fertilidade, portanto, a seleção de vítimas pelos machos tem o propósito de aumentar a chance de gravidez; em segundo lugar, mulheres dessa idade apresentam maior probabilidade de resistir ao estuprador, o que sugere que têm maior investimento reprodutivo a defender em sua própria escolha autônoma de parceiro, o que indica que são alvos mais desejáveis para os estupradores.

São argumentos terríveis, afirmativas desprovidas de evidências e que desabam diante da menor brisa. O primeiro apresenta vários problemas. O estupro é um dos crimes menos denunciados: as estatísticas variam, mas sugerem que quase nenhum estupro é documentado nas estatísticas criminais, já que as vítimas não procuram a polícia. Em 2017, no Reino Unido, por exemplo, a estimativa era de que apenas 15% dos estupros eram registrados. Esses números praticamente impossibilitam a análise de um padrão que se encaixe na afirmativa de que o estupro é, em primeiro lugar, um ataque por homens contra mulheres no auge da fertilidade, o que é essencial para a tese. Muitos estupradores atacam mulheres mais velhas, presumivelmente em idades pós-reprodutivas ou de fertilidade menor, e há muitos casos de estupro de crianças que não podem engravidar. Uma proporção considerável dos estupros ocorre dentro de casamentos ou de relacionamentos monogâmicos de longa duração, embora não haja estatísticas do estupro conjugal. Não obstante, o sexo coercitivo conjugal serve para minar a ideia de que o estupro é um meio de distribuir genes de forma mais ampla do que pelo sexo consensual. Mesmo que qualquer uma dessas afirmativas fosse baseada em fatos, o que não acontece, a hipótese de uma base evolutiva ainda precisaria de um argumento-chave, que é a mensuração do sucesso evolucionário: homens que estupram deveriam ter mais filhos do que os que não estupram. Não temos dados sobre isso, nem qualquer coisa que sugira que pode ser o caso.

O LIVRO DOS HUMANOS

Os mesmos defensores do estupro como uma estratégia evolucionária apresentam seu próprio contra-argumento: se o estupro não tem uma base evolucionária direta, é um subproduto da evolução. Trata-se de uma afirmação igualmente vazia, pois, como vimos, todos os comportamentos são subprodutos da evolução. Isso não significa que são adaptações que foram necessariamente selecionadas. Nem a patinação no gelo nem o mergulho subaquático poderiam ter sido habilidades diretamente selecionadas pela natureza, portanto, também são subprodutos do nosso cérebro, mente e corpo evoluídos. Por esse argumento ser tão fraco, sugere-se que o da seleção natural seja forte. Mas não é. Argumentar que o estupro tem uma história diretamente originada em uma estratégia biológica pode ser o ponto mais baixo da psicologia evolucionista. Nesse caso, desprezá-lo classificando-o como uma "história assim mesmo" é um desafio ao seu status intelectual.

Tudo isso levanta muitos problemas quando consideramos o comportamento sexual de outros animais. Há muitos exemplos de sexo coercitivo ou, aparentemente, forçado, entre os animais, mas a questão de podermos ou não descrever qualquer um deles como estupro é complexa. Estupro tem uma conotação legal específica, que na maioria das definições inclui a ausência de consentimento por parte da vítima. Assim, é específico dos humanos, e precisamos ser mais cuidadosos ao aplicar a palavra "estupro" a qualquer outra espécie, visto que não podemos necessariamente aplicar o conceito do consentimento a um animal não humano.

O sexo coercitivo, todavia, é comum, assim como a agressão de machos contra fêmeas (o oposto é raro). Aparentemente, a cruza forçada é observada em animais que vão do barrigudinho ao orangotango. As fêmeas exibem resistência à copulação, o que é ignorado pelos machos. Os chimpanzés mordem, atacam, gritam e brandem galhos contra as fêmeas como tática de forçá-las à submissão.

Existem outras táticas coercitivas mais sutis. As salamandras do gênero masculino e feminino travam uma luta corpo a corpo chamada "amplexo", assim como muitos animais que fazem fecundação externa,

SEXO

mas para a salamandra com manchas vermelhas *Notophthalmus viridescens*, esse não é o ato sexual em si. Em vez disso, depois da luta o macho deposita um espermatóforo, um pequeno pacote de esperma, que a fêmea escolhe entre receber ou fugir. Mas os machos tentam virar a balança a seu favor esfregando secreções hormonais na pele da fêmea durante o amplexo, o que a torna mais suscetível a ingerir o esperma. Na prática, os machos drogam as fêmeas.

Outra tática pode ser descrita como intimidação, embora bullying sexual seja mais apropriado. Os gerrídeos do gênero feminino da espécie *Gerris gracilicornis* têm genitais cobertas, diferente de muitos outros gerrídeos, um tipo de cinto de castidade natural. Elas só podem ter relações sexuais com um macho revelando sua genitália espontaneamente. Essa dificuldade física foi desenvolvida para evitar o sexo coercitivo, pelo qual os machos podem simplesmente lutar com uma fêmea e montá-la, fazendo com que ela precise combatê-lo para se livrar dele — o que é cansativo — ou se submeter. Portanto, para os *gracilicornis*, o sexo coercitivo deveria estar fora do cardápio. Contudo, como costumamos dizer, a evolução é mais esperta do que você, e, nesse caso, muito mais maquiavélica. Os gerrídeos machos batem na superfície da água em uma frequência específica que atrai a atenção de outro inseto, a *Notonecta glauca*, para as fêmeas. A *Notonecta glauca* come gerrídeos. As fêmeas reagem à ameaça permitindo a monta pelo macho, que pode parar de bater e, assim, evitar o ataque potencialmente letal.

Esses atos de coerção servem para mostrar até que ponto a evolução chegou para administrar a corrida armamentista genital entre machos e fêmeas. Mais uma vez, embora eles possam parecer similares ao comportamento humano, e a linguagem que usamos seja familiar para nós, essas comparações não podem ser consideradas homólogas. Em geral, as fêmeas são seletivas, e os machos, indiscriminados, e a matemática dessas estratégias serve para explicá-las. Precisa explicá-las: assédio, intimidação e violência têm um custo para as fêmeas, e esse custo pode reduzir sua forma reprodutiva, seja por ferimentos, por um risco mais alto de serem comidas, ou simplesmente pela perda de tempo para fazer sexo com machos de sua preferência. Seja qual for a estratégia, a tática feminina é geralmente ter traços evoluídos para reduzir ou minimizar o custo da coerção.

Nem toda a violência no sexo é fácil de ser explicada. No caso das lontras-marinhas, descrito anteriormente, é razoável presumirmos que as lontras fêmeas não desejam ser penetradas tão vigorosamente a ponto de morrerem; essa é uma estratégia evolucionária difícil de explicar. Aqui, o custo da fêmea é máximo, mas o macho também não se beneficia: uma fêmea morta não concebe, e seus genes não perpetuarão. A confusão diante desse comportamento aumenta pelo fato de que as lontras do gênero masculino também praticam os mesmos atos violentos com outra espécie, as focas comuns, sem chance de engravidar, e que sofrem consequências letais semelhantes. A matança pode ser explicada, já que as duas espécies podem competir por recursos, mas a copulação com as carcaças é incompreensível.

A natureza é "vermelha em dentes e garras", como escreveu Alfred, Lord Tennyson no poema *In Memoriam A.H.H.* Torço para que ele não tenha se referido aos gerrídeos. Nesse famoso verso, Tennyson tinha em mente, antes de Darwin, a aparente crueldade da natureza. A natureza não é cruel. É apenas indiferente, e esses comportamentos demonstram uma insensibilidade em relação a outros seres vivos, não malícia. Só os humanos são capazes de cometer crueldade, e a coerção sexual e o estupro são atos imorais e criminosos. A descrição do comportamento não humano nesses termos banaliza o estupro.

Precisamos, contudo, falar sobre os golfinhos, pois seu comportamento sexual é preocupante e muito discutido. Temos uma relação estranha com esses animais. Muitas vezes nos admiramos com sua inteligência e graça, bem como com os truques que fazem para nós em cativeiro e na natureza; e eles têm focinhos sorridentes e agradáveis. Golfinho é uma denominação ampla e informal para vários grupos diferentes de cetáceos, entre os quais os *delphinidae* (os golfinhos de

SEXO

água salgada) e três classes que habitam rios e estuários (golfinho-
-do-ganges, boto e toninha).* Eles são inteligentes e contam com um
cérebro grande e complexo (ver página 46), assim como sua sociedade,
especialmente (mas não exclusivamente) os golfinhos-nariz-de-garrafa,
mais estudados em Shark Bay, na Austrália. Dois ou três machos formam uma gangue que nada e caça em conjunto, chamada par ou trio
"de primeira ordem". Às vezes, dois pares se unem, formando uma
aliança de segunda ordem.

Esses golfinhos de Shark Bay são extremamente violentos. Quando
chega a temporada de reprodução, a competição por acesso às fêmeas é
acirrada, como acontece em muitas espécies sexuadas. Principalmente na
natureza, essa competição se dá entre machos individuais. Os golfinhos-
-nariz-de-garrafa têm uma tática diferente: eles formam gangues. As
alianças compõem um fator essencial das estratégias de acasalamento
dos machos: parcerias de primeira ordem selecionam uma fêmea, aproximam-se dela a toda velocidade e a cercam, afastando-a para fazerem sexo
(coercitivo). Durante esse encurralamento agressivo, as fêmeas tentam
escapar repetidas vezes, tendo sucesso em média após quatro tentativas.
Os machos impedem sua tentativa de ganhar liberdade investindo contra
elas e atacando com as caudas, com a cabeça, mordendo e golpeando seu
corpo até ela se submeter. Alianças de segunda ordem fazem o mesmo,
mas formam em média grupos de cinco ou seis machos para uma fêmea.
Os machos que integram essas alianças geralmente têm parentescos
próximos, o que é um meio de transferir seus genes para o futuro, o que
se encaixa perfeitamente na teoria da evolução. Ocasionalmente, eles
formam "superalianças", em que várias gangues de segunda ordem unem
forças — até catorze machos individuais — para encurralar uma única
fêmea. Tais gangues não costumam ter parentesco próximo.

---

* O baiji, ou golfinho-lacustre-chinês, representa mais um gênero, mas o último foi visto
oficialmente em 2002. Outra possível aparição em 2007 não foi confirmada, embora isso
não altere seu status como funcionalmente extinto. Talvez fosse o último, ou um dos dois
últimos, não importa. Quando uma população é reduzida a um ou até dois membros, não
há esperança para a sobrevivência da espécie.

O LIVRO DOS HUMANOS

Deve-se observar que a copulação forçada não foi diretamente testemunhada, até onde sei. As evidências vêm de observações do comportamento pré-copulatório e de sinais físicos de violência contra as fêmeas. Muitas pessoas falam em tom de piada que, apesar da aparência fofa e inteligente, os golfinhos são estupradores. Não há dúvida de que a coerção sexual faz parte de sua estratégia reprodutiva, como ocorre em muitas espécies, e o comportamento é violento. Contudo, devemos ter cuidado para não antropomorfizar seu comportamento, seja fofo, inteligente ou terrível.

O infanticídio é outro comportamento desagradável observado nos golfinhos, o que também é traduzido em assassinato na imprensa popular, embora devamos observar que, em muitas outras espécies, tanto machos quanto fêmeas matam os filhotes de outros como estratégia reprodutiva. As leoas amamentam por mais de um ano quando têm filhotes, e durante esse período não se reproduzem. Machos que atuam sozinhos ou às vezes em grupos matam os filhotes para que elas voltem a ser férteis e eles possam produzir seu bando. Grupos de mãe e filha na Tanzânia foram vistos matando e comendo os bebês de outros pais por razões que não estão claras. As fêmeas alfa dos suricatos matam as ninhadas das fêmeas subordinadas para que estas fiquem livres e possam ajudar nos cuidados da ninhada da alfa. As chitas contornam todos esses problemas copulando com vários machos, cujo esperma se mistura internamente, e cada filhote da ninhada acaba tendo um pai diferente.

Há vários relatos de filhotes de golfinho trazidos pelas ondas com ferimentos graves. Um estudo na década de 1990 registrou nove que haviam morrido de traumas violentos, inclusive múltiplas fraturas nas costelas, lacerações nos pulmões e perfurações profundas compatíveis com a mordida de um golfinho adulto.

Os golfinhos são assassinos ou estupradores? Não, pois não podemos aplicar termos humanos legais a outros animais. O comportamento é repugnante para nós? Sim, mas, novamente, a natureza não se importa com o que achamos.

Esse passeio pelos aspectos mais obscuros do comportamento dos animais serve como lembrete de que a natureza pode ser brutal. A luta

SEXO

pela existência significa competição, a competição resulta em conflito e, às vezes, violência letal. Reconhecemos tais comportamentos, pois os humanos competem e podem ser terrivelmente violentos. Mas não somos compelidos a agir com violência. A evolução de nossa mente pode ter nos dado a habilidade de produzir ferramentas que proporcionam massacres. Mas também nos ofereceu opções que não estão ao acesso de nossos primos evolucionários. Somos diferentes pois, com a modernidade comportamental, atenuamos a brutalidade da natureza na nossa própria luta pela existência, para não sermos obrigados a matar outros ou forçar fêmeas a fazerem sexo conosco para garantir nossa sobrevivência. A questão é: como isso aconteceu?

SEGUNDA PARTE

O paradigma dos animais

Todos são especiais

Em *A origem do homem e a seleção sexual*, Darwin contempla as diferenças entre a mente dos humanos e a de outras criaturas. Ele faz especulações acerca das capacidades cognitivas de um macaco hipotético, e observa que, embora ele fosse capaz de abrir uma noz com uma pedra, não seria capaz de produzir uma ferramenta a partir dessa pedra. Tampouco conseguiria "acompanhar uma linha de raciocínio metafísico, ou resolver um problema de matemática, ou refletir sobre Deus, ou admirar um belo cenário natural".

Mas Darwin sugere que "emoções e faculdades como o amor, a memória, a atenção, a curiosidade, a imitação, o raciocínio" podem ser encontradas em formas incipientes em outros animais. Ele escreve que a diferença entre a mente dos humanos e a dos outros animais se dá pelo "grau, e não tipo".

Esta seção é um belo texto em prosa, e essa é uma frase memorável, de que já se apropriaram campos de fora da evolução biológica para descrever coisas que diferem não fundamentalmente, mas apenas por sua posição em um espectro.

E, por seu significado original em nossa evolução, não sei mais se ela é verdadeira. Como vimos, na tecnologia, no sexo, na moda, somos diferentes de outros animais. Mas a sugestão de que as diferenças entre eles e nós são determinadas pela nossa posição relativa em uma linha é questionável. O uso que fazemos das ferramentas é tão mais sofisticado do que é observado em uma vaca ou um golfinho, ou até mesmo em um chimpanzé, que não parece justo simplesmente atribuir esse fato à nossa posição mais avançada em um espectro. Nossos desejos e tendências sexuais podem lembrar comportamentos de outros animais, mas a motivação para o comportamento sexual desenfreado dos bonobos serve a uma função social muito diferente, ainda que as diversas mecânicas físicas nos sejam familiares. Por outro lado, talvez o fato de gostarmos de sexo oral não seja muito diferente do que se observa entre os estranhos ursos de Zagreb. A folha de grama que Julie usava na orelha seria não mais do que uma versão mais simples de qualquer moda extravagante com que nos adornamos hoje?

Temos uma cultura que não só supera todas as outras em sofisticação, como simplesmente não existe em nenhuma outra espécie, e a transmissão do nosso conhecimento entre contemporâneos e de geração em geração quase não é vista fora do geno *Homo*.

Talvez a frase "diferente em grau, e não tipo" seja simples demais, binária demais para ser aplicada à compreensão da história do animal humano. Talvez seja melhor nos deleitarmos com as complexidades da nossa evolução, e tão somente reconhecermos, sem ideia de superioridade ou julgamento, que somos diferentes.

Como isso surgiu? Por que somos diferentes? Nós nos esforçamos tão desesperadamente para descobrir o interruptor que nos transformou de um ser em outro, aquilo que nos tornou humanos. Em nossas histórias — e, até certo ponto, na ciência —, procuramos gatilhos. Buscamos clareza e esperamos uma satisfação narrativa, e, em nossa busca, revelar a história de como nos tornamos nós.

A questão é: a evolução não funciona assim. Mesmo como metáfora para alguma transição real nas nossas origens, o drama requer um salto que nunca aconteceu. É claro que há marcos na história da vida na Terra. Esses eventos marcantes são poucos e espaçados, mas há momentos singulares em que a trajetória da evolução foi alterada de forma permanente.

TODOS SÃO ESPECIAIS

Por exemplo, o nascimento da vida complexa há cerca de 2 bilhões de anos — quando uma célula se fundiu com outra, e, ao fazê-lo, desencadeou tudo que compõe a árvore da vida. Isso parece ter acontecido só uma vez. Houve apenas um meteorito que desencadeou o processo que culminaria com a extinção do reinado de 150 milhões de anos dos dinossauros, e, com isso, possibilitou o desenvolvimento de nichos ambientais em que mamíferos e pássaros pequenos puderam prosperar. Estamos falando de eventos inegáveis, nos quais as coisas mudaram no dia seguinte. Contudo, na maioria das vezes, a vida avança inconstante e lentamente, algo como nossas próprias vidas individuais. Ela pode ser pontuada por momentos, mas você é essencialmente um cúmplice de 4 bilhões de anos de biologia, mais alguns anos de vida em e entre outros organismos e seu ambiente.

Não é fácil contemplar nossa própria história. As evidências da pré-história são escassas, e reunimos uma narrativa usando fragmentos do nosso passado. Dois fatores dificultam consideravelmente a capacidade de compreender nossa própria evolução e existência. O tempo é um conceito que atua contra nós. As escalas de tempo que contemplamos na evolução são inconcebíveis e não podem ser comparadas à vida que vivemos. Podemos considerar duas, talvez três gerações, acima ou abaixo de nós — dos nossos avós ou netos. No entanto, quando pensamos nas origens da nossa espécie, estamos diante de milhares ou mais. O *Homo habilis*, por exemplo, surgiu há mais de 2 milhões de anos, um período composto de centenas de milhares de gerações.

E há outro obstáculo. É mais fácil processarmos momentos ou causas singulares do que um sistema inescrutável que levou milhões de anos para ser formado. A ciência foi a responsável involuntária pela fomentação tanto da granularidade quanto da linearidade no entendimento da complexidade, pois é assim que precisamos desmembrar sistemas intensamente integrados, tais como nosso corpo, nossa mente e nossa história evolucionária. Encontramos um dente ou um osso hioide no solo de uma era atrás e tentamos extrair dele cada miligrama possível de informações, em seguida encaixando-o novamente no quadro geral

O LIVRO DOS HUMANOS

da vida dos povos antigos. Ou pegamos um gene e analisamos como ele mudou nas pessoas, e para onde elas o levaram ao redor do mundo. Cada um desses elementos não passa de uma peça em um gigante quebra-cabeça tetradimensional; tetra, porque organismos vivos também percorrem tempo e espaço físico. Como espécie, tudo que fazemos é único, e também é visto em todo o mundo natural.

Assim, nós nos esmiuçamos, introduzindo continuamente novas ideias e dados, e nos esforçamos para ignorar ou arquivar preconcepções ou bagagens que poderiam limitar a compreensão da nossa própria história.

Mas por que *somos* diferentes? Separar evolução biológica de cultural cria uma falsa divisão entre elas, quando, na realidade, ambas são intrinsecamente interdependentes — a biologia promove a cultura, e vice-versa. Mas é necessário analisar as peças individuais do quebra-cabeça antes de podermos encaixá-las novamente. Vejamos, primeiro, a biológica, que em termos evolucionários equivale ao DNA.

Genes, ossos e mentes

Os genes são as unidades da herança, tudo que é selecionado pela natureza para ser passado adiante. A natureza vê a manifestação física de um gene — o fenótipo — e, se esse traço promover a sobrevivência, o DNA por trás dele é transmitido para as gerações futuras. Os genes são os modelos pelos quais nossa vida é construída.

Nosso conhecimento de como o DNA se traduz em vida foi radicalmente transformado nos últimos anos por duas razões. A primeira é a nossa eterna busca para entender como o código, de fato, funciona, como os genes ditam variações naturais entre os humanos, como as variações foram e continuam sendo disseminadas pelo mundo e como genes defeituosos podem resultar em doenças. O código esconde dados biológicos, que, por sua vez, estão escritos em genes, estes ocultos em três bilhões de letras de DNA espalhadas em 23 cromossomos localizados no grãozinho que fica no centro da maioria das células, o núcleo. Todos temos o mesmo conjunto de genes, mas cada iteração individual de um gene apresenta diferenças discretas, e é nessas diferenças que está a variação natural entre as pessoas. Embora ainda tenhamos um longo caminho pela frente, estamos conquistando um entendimento cada vez maior de como os genes funcionam e como essa sequência básica de letras torna-se biologia viva. Quanto mais próximo o parentesco entre dois indivíduos, mais semelhantes são seus genes. Isso se aplica a famílias, dentro de uma espécie e entre espécies. Como temos os mesmos genes, podemos comparar as diferenças precisas entre eles e concluir se elas são significativas ou não. O inglês americano e o britânico apresentam muitas grafias diferentes para as mesmas palavras, mas a *colour grey* [cor cinza] é a mesma que a *color gray* dos dois lados do Atlântico, e o sentido é mantido, apesar da pronúncia diferente. Por outro lado, a diferença entre *appeal* [agradar] e *appal* [horrorizar] está em apenas uma letra, mas a supressão torna-as quase antônimos. O DNA sofre mudanças sutis ao longo do tempo, ocorridas por meio do equivalente genético a pequenos erros ortográficos que podem acabar passando despercebidos por uma edição desastrada por parte das proteínas responsáveis por checar o código depois de ele ter sido replicado. Esses erros se acumulam a uma proporção quase constante, o que significa que as diferenças entre os genes em indivíduos e espécies atuam como um relógio que começou a funcionar a partir da origem desses erros no esperma ou óvulo de um ancestral, erros que foram transmitidos para seus herdeiros. Os grandes avanços realizados nos últimos anos no sequenciamento do genoma facilitaram, baratearam e agilizaram a decifração do código biológico, e agora temos petabytes de DNA de milhões de seres humanos e outros animais vivos.

O segundo motivo das mudanças drásticas observadas na genética nos últimos anos engloba todas as mesmas razões descritas acima, mas aplicadas aos genomas de indivíduos mortos há anos, décadas, séculos, ou até centenas de milênios. O DNA é um formato de armazenamento de dados muito estável. Em uma célula viva, ele é preservado por uma manutenção ativa, por proteínas que checam sua grafia, editam e se certificam de que, a cada cópia, os erros sejam limitados. Em uma célula morta, esse processo de revisão não existe mais. No entanto, o DNA pode ser preservado por milhares de anos, desde que nas condições ideais — de preferência, em clima seco e frio, e na presença do mínimo possível de outros organismos. Com os genes dos mortos, podemos reconstruir as relações genéticas que, de outro modo, se perderiam no tempo.

Com esses dois avanços na genética, chegamos a uma nova era de compreensão da herança, possibilitada pelo processamento de grandes lotes de dados na forma de sequências genômicas para a identificação de pequenos e sutis padrões só revelados por uma estatística potente. Com essas novas ferramentas à disposição, podemos progredir no entendimento de como os primeiros humanos mudaram para se tornar os seres que somos hoje.

24 – 2 = 23

Uma espécie é definida por sua morfologia, e não pelo DNA. Essa taxonomia existe por razões históricas: classificamos organismos usando o sistema atual desde que Lineu criou uma nomenclatura binomial no século XVIII — gênero seguido por espécie, *Homo* e *sapiens*, *Pan* e *troglodytes*. Cada ser humano tem um genoma único, mas os genomas são semelhantes o suficiente para termos certeza de que somos uma espécie. Algo crucial, todos os seres humanos via de regra têm o mesmo número de cromossomos.* Cada cromossomo é uma longa sequência feita de DNA, e partes de cada sequência são genes, cerca de 20 mil deles para nós, espalhados entre 23 pares de cromossomos. Gorilas, chimpanzés, bonobos e orangotangos têm 24.

Todos os cromossomos têm tamanhos diferentes, e o nosso número 2 é um dos maiores, representando cerca de 8% do nosso DNA e contendo em torno de 1.200 genes. Ele é grande assim porque em algum momento, talvez há 6 ou 7 milhões de anos, um membro dos ancestrais em comum de todos os hominídeos deu à luz um bebê com uma grande anomalia

---

* Há um punhado de anomalias genéticas em que as pessoas têm cromossomos adicionais, ou, em alguns casos, a menos. A mais conhecida é a síndrome de Down — um cromossomo 21 extra, em vez dos obrigatórios dois. Mas há também condições como a síndrome de Klinefelter (um homem com um X a mais, XXY) e a de Turner (uma mulher com um único X).

cromossômica. Durante a formação do óvulo e do esperma que se fundiriam para originar a vida, em vez de replicar todos os cromossomos perfeitamente, de algum modo, dois deles se uniram. Ao reunirmos todos os cromossomos dos hominídeos, podemos ver com muita clareza que os genes do nosso cromossomo 2 estão dispostos ao longo de dois cromossomos nos chimpanzés, nos orangotangos, nos bonobos e nos gorilas.

A maioria das mutações dessa magnitude costuma ser letal ou causar doenças terríveis, mas esse hominídeo teve sorte e nasceu com um genoma completamente funcional e muito diferente do de seus pais. Daquele momento em diante, a linhagem genealógica de 23 pares de cromossomos traçaria uma linha até você.

Hoje, temos os genomas completos de outros tipos de humanos, os neandertais e os denisovanos. Contudo, para nossa irritação, a contagem de cromossomos não está preservada no DNA fragmentado que conseguimos extrair de seus ossos. Supomos que eles também tinham 23 pares em razão do parentesco conosco, mas não podemos ter certeza absoluta até obtermos amostras de qualidade muito superior dos poucos ossos com DNA à nossa disposição. Sabemos que tivemos relações sexuais com eles, e um número diferente de cromossomos muitas vezes é um grande obstáculo para o sucesso reprodutivo, embora nem sempre: os equinos — ou seja, as espécies do cavalo, do asno e da zebra — exibem evidências claras de terem reproduzido herdeiros entre si, apesar de terem cromossomos que variam entre 16 e 21 pares. Mas ainda não descobrimos como.

Não conseguimos extrair DNA da maioria dos espécimes da antiga árvore genealógica humana, e é possível que nunca consigamos, já que grande parte dos restos mortais dos nossos ancestrais encontra-se na África, onde o calor praticamente impossibilita a preservação do DNA. É provável que todos os hominídeos produzidos após a separação dos seres que viriam a se tornar chimpanzés, bonobos, gorilas e orangotangos tenham 23 pares de cromossomos.

Genes se traduzem em proteínas, e proteínas atuam no nosso organismo. Essa atuação inclui tudo, desde a formação de cabelo ou fibras em células musculares até a produção dos componentes das células gordurosas ou

24 − 2 = 23

ósseas, ou, ainda, a ação como enzimas e catalisadores no processamento de alimento, energia ou resíduos. Variações sutis nos genes resultam em mudanças no formato ou na eficiência das proteínas, o que significa que algumas pessoas têm olhos azuis e outras têm olhos castanhos,* ou que alguns processam a gordura do leite depois da fase da amamentação, mas a maioria não, ou que a urina de alguns tem um cheiro característico depois da ingestão de aspargo, enquanto o mesmo não acontece a outros (e alguns identificam esse cheiro, já outros, não). A variação genética torna-se variação física. Chamamos a sequência específica de DNA de genótipo e a característica física que ela codifica de fenótipo.

O DNA muda de forma aleatória, e essas mutações estão sujeitas à seleção se o fenótipo for benéfico ou prejudicial à sobrevivência do organismo. Com o tempo, mutações negativas geralmente são eliminadas, pois reduzem a aptidão geral da criatura em que estão presentes. Às vezes, é um pouco de ambas: uma versão defeituosa do gene beta-globina atua como proteção contra a malária; ter duas cópias significa sofrer de anemia falciforme. A maioria simplesmente passa despercebida: as mutações genéticas codificam mudanças que não são boas nem ruins.

Embora tenhamos quase o mesmo conjunto de genes que os outros hominídeos, muitos desses genes apresentam pequenas diferenças, e alguns são novos no genoma humano. Essas diferenças somos nós. Há muitas maneiras pelas quais, ao longo das gerações, genes e genomas mudam e criam novas informações. Em seguida, eles podem ser selecionados em uma direção que, no fim das contas, pode se tornar uma

---

* A genética da cor dos olhos é ensinada nas escolas como um dos exemplos clássicos para a compreensão desse ramo da biologia. Aliás, os olhos são um bom referencial para mostrar como entendemos pouco a hereditariedade. Embora a versão do olho castanho de um gene seja dominante sobre a versão do azul, há muitos outros genes que possuem um papel na determinação da pigmentação, o que significa que há um espectro de cores para os olhos, do azul mais claro a quase preto, e, na prática, é impossível prever com precisão de que cor serão os olhos de uma criança com base na cor dos olhos dos pais. Além disso, é impossível qualquer combinação de cores dos olhos dos pais produzir qualquer cor na criança. A genética é complexa e probabilística, mesmo em se tratando dos traços que acreditamos entender bem.

combinação única para uma espécie distinta. Não veremos todas elas, já que todas acontecem em todas as criaturas. Mas alguns mecanismos pelos quais a mutação ocorre são pertinentes para a formação do nosso genoma unicamente humano, e vale a pena analisá-los em mais detalhes.

DUPLICAÇÃO

Imagine-se compondo uma sinfonia, e que a escreveu à mão em uma partitura da qual só tem uma cópia. Se quisesse fazer um experimento com o tema, seria loucura escrever sobre a única cópia disponível, pois você arriscaria fazer uma alteração que pode não funcionar. Assim, você faria uma fotocópia para poder alterá-la, certificando-se de preservar o original intacto como cópia de segurança. Essa é uma boa analogia para entendermos as duplicações cromossômicas. Um gene funcional é restringido por ser útil, e não pode fazer mutações aleatórias, visto que a maioria das mutações apresenta a probabilidade de ser deletéria. Contudo, se duplicarmos um trecho inteiro de DNA contendo esse gene, a cópia está livre para mudar e, talvez, adquirir um novo papel, sem que o indivíduo perca a função do original. Foi assim que um dos nossos ancestrais primatas foi da visão em duas cores para a de três — um gene do cromossomo X codifica uma proteína localizada na retina que reage a um comprimento específico de onda, e, portanto, permite a detecção de uma cor específica. Há 30 milhões de anos, ele se duplicou, sofrendo uma mutação para permitir o acréscimo do azul à nossa visão. Isso precisa acontecer por meio da meiose, processo pelo qual o esperma e os óvulos são formados, a fim de que a função tenha o potencial de tornar-se permanente, já que a nova mutação será herdada por todas as células da prole, inclusive pelas que se tornarão esperma ou óvulos.

Os primatas parecem propensos à duplicação cromossômica, particularmente os hominídeos. Algo em torno de 5% do nosso genoma veio de duplicações de trechos de DNA, e cerca de um terço disso são únicas para nós. Sempre foi problemático analisar regiões duplicadas do genoma, pelo simples fato de serem cópias e se parecerem muito. Porém, com

24 − 2 = 23

paciência e persistência, os geneticistas estão começando a entender como isolá-las, o que nos permite compreender melhor por que temos tantas fotocópias, e se há genes nelas que propiciam poderes não encontrados nos nossos primos hominídeos.

Até então, foram identificados alguns genes que são candidatos intrigantes à duplicação e parecem exclusividade nossa. Todos têm nomes notavelmente comuns. Em junho de 2018, uma versão com uma pequena diferença de um gene humano chamado *NOTCH2NL* foi identificada em meio a uma massa de outras muito semelhantes, mas, algo crucial, ela não está presente nos chimpanzés. Aparentemente, uma versão anterior do *NOTCH2NL* sofreu uma duplicação errada em um ancestral comum de todos os hominídeos, mas, cerca de 3 milhões de anos atrás, a versão defeituosa ganhou uma correção espontânea em nossa linhagem, enquanto permaneceu presente nos chimpanzés. Não sabemos o que, precisamente, a versão humana desse gene faz, mas ela parece promover a multiplicação de um tipo de célula do sistema nervoso chamado célula glial, que forma o córtex e tem a tarefa de produzir mais neurônios, alimentando, assim, o crescimento cerebral. Aprendemos muito sobre o que os genes fazem ao estudar os efeitos produzidos por sua quebra por mutações, e uma das doenças associadas à mutação do *NOTCH2NL* é a microcefalia — uma redução do tamanho do cérebro.

Temos quatro cópias de um gene chamado *SRGAP2*, enquanto outros hominídeos têm uma. Podemos observar que essas duplicações ocorreram em momentos específicos: a primeira foi por volta de 3,4 milhões de anos atrás; essa versão foi, então, copiada mais duas vezes — a primeira há 2,4 milhões de anos, e a segunda, há 1 milhão. Em seguida, procuramos tecidos em que o gene se encontra em atividade, e é aí que fica realmente interessante. A primeira e a terceira duplicações não parecem fazer muito, e podem estar apenas matando tempo nos nossos genomas. A segunda duplicação, por outro lado, resultou em um gene que atua em nosso cérebro. Ele parece ter o efeito específico de aumentar a densidade e o comprimento dos prolongamentos dos neurônios, ou dendritos, no córtex. Essa padronização é exclusividade dos humanos: ela não está pre-

O LIVRO DOS HUMANOS

sente no cérebro dos ratos, mas, quando inserimos a versão humana nos neurônios desses roedores, eles se transformam em dendritos avolumados e densos. Essa versão do gene, o *SRGAP2C*, surgiu há 2,4 milhões de anos, num tempo em que o cérebro de nossos ancestrais sofreu um aumento significativo. Foi, também, por volta dessa época que começamos a lascar e a cortar pedras para produzir o kit olduvaiense de ferramentas.

As conexões parecem óbvias, mas estou especulando. Embora, talvez, com certa propriedade. Essas três coisas — o momento do nascimento desse novo gene, o que ele parece fazer no cérebro, e o comportamento que surgiu na época — têm uma relação provocativa. Por enquanto, é o máximo que podemos afirmar. Esse não é o gene que fez do nosso cérebro o que ele é, mas pode ser um dos, mesmo que ainda não saibamos, exatamente, o que fazem. Eles se tornam pistas para isolarmos as diferenças cruciais entre nosso cérebro e o de outras espécies, e mais indícios genéticos surgirão. Nenhum, todavia, é um gatilho singular, mas apenas parte do quadro de como a evolução nos moldou.

GENES NOVINHOS EM FOLHA

A duplicação e a transferência de outras fontes genéticas são exemplos da capacidade da natureza de optar entre ferramentas existentes: a evolução é um cientista maluco. A evolução também cria do nada. Nós chamamos essas mutações de mutações *de novo*, e elas surgem quando uma sequência aparentemente sem nenhum sentido de DNA transforma-se numa sequência legível.

O código funciona do seguinte modo: há quatro letras no DNA, e, em um gene, elas estão dispostas em blocos de três letras — cada um dos quais codifica um aminoácido — ligados numa ordem em particular para formar uma proteína. Usando a linguagem como analogia, temos letras (26), palavras (que podem ter qualquer tamanho) e frases (que também podem ter qualquer tamanho). Na genética, há apenas quatro letras, e todas as palavras têm três. O gene é a frase, e, como na linguagem, pode ter qualquer tamanho. Quando um gene é criado, ele ainda precisa se desenvolver. Ao contrário do que ocorre nas duplicações e inserções, genes *de novo* não se instalam em nossos genomas já em uma ordem funcional. Em um livro, cada palavra deve ter um propósito; os genomas estão cheios de DNA que não são palavras nem frases, mas apenas pedaços aleatórios sem sentido. Com isso em mente, imagine uma cadeia de letras assim:

NÃOEIPORQUEOVOCRUNÃOTEMVEZ

Com um pequeno esforço, você provavelmente perceberá que há uma frase simples querendo sair. Se inserirmos um S após 3ª letra, a cadeia se torna:

NÃOSEIPORQUEOVOCRUNÃOTEMVEZ

Se acrescentarmos espaços, três letras por palavra, ela se torna:

NÃO SEI POR QUE OVO CRU NÃO TEM VEZ

Só faz sentido com todas as letras na ordem certa. Na genética, isso se chama "fase de leitura aberta". Não há espaços nos genes, mas as células ainda assim entendem a estrutura de três letras. Genes *de novo* surgem quando um aglomerado de letras é, por acaso, convertido em uma frase com significado, e, com isso, de repente se torna inteligível para a mecânica da célula, traduzindo-se em uma proteína. A proteína resultante ganha uma utilidade. Se ela for usada, o organismo que adquiriu o novo gene vai transmiti-la.

Em 2011, sessenta genes novos no organismo humano foram identificados, e esse número ainda pode crescer. Ainda não sabemos quase nada sobre o que eles fazem, mas todos tendem a ser curtos, o que faz sentido se considerarmos como surgiram — quanto mais longa a sequência, maior a chance de a fase de leitura aberta falhar. O fato de eles serem exclusividade dos humanos não os torna características genéticas determinantes da espécie. É possível que não façam quase nada; genes

O LIVRO DOS HUMANOS

que sofreram mutação para se tornarem exclusivos da raça humana, mas foram herdados ou duplicados a partir de ancestrais são muito mais comuns em nossos genomas.

INVASÃO

Outra observação a ser feita é que, em termos genéticos, não somos inteiramente humanos — cerca de 8% do nosso genoma não foi herdado de nenhum ancestral. Em vez disso, foram forçosamente implantados no nosso DNA por outras entidades que tentavam realizar a própria replicação. Pensemos em um vírus como um tipo de sequestrador que invade uma fábrica e substitui os projetos pelos seus próprios planos, de modo que a fábrica começa a produzir de acordo com os desejos do sequestrador, e não do proprietário. Quando um vírus derruba as barricadas das nossas fábricas celulares, traz consigo seu próprio DNA (ou RNA),* podendo inseri-lo no genoma do hospedeiro, a partir do que a célula passa a fazer a vontade do invasor e a produzir novos vírus. Muitas vezes, essa inserção é má notícia. Grande parte dos sintomas de um resfriado, ou de vários outros vírus, é apenas nosso sistema imunológico reagindo a uma invasão ou a autodestruição da célula por um comando do vírus. Às vezes, a inserção pode ser feita no meio de um gene que limita o número de vezes que uma célula se divide, podendo provocar a divisão desenfreada — um tumor. Outras, contudo, elas não fazem muita coisa. O DNA do vírus é inserido, e não é nada demais. Isso já aconteceu inúmeras vezes ao longo da nossa evolução, compondo 8% do genoma humano. No total, para fins de comparação, isso equivale a mais DNA

---

* O RNA é o primo do DNA. É um ácido nucleico muito semelhante (o pedaço do —NA), mas, ao contrário do DNA, que normalmente só tem duas cadeias ligadas em sua icônica estrutura em hélice, o RNA permanece em uma única cadeia. No processo em que um gene se torna uma proteína, o DNA em geral é transcrito em uma molécula de RNA, que, por sua vez, é traduzida em uma série de aminoácidos que formam a proteína em si. Alguns vírus armazenam seu material genético como DNA, enquanto outros, como o HIV, só possuem RNA, que é convertido em DNA no momento em que infecta uma célula hospedeira, DNA este que é inserido no genoma hospedeiro pelo uso de uma proteína viral chamada integrase.

24 − 2 = 23

do que há nos nossos genes, e do que em vários cromossomos, inclusive o Y. Seguindo esse raciocínio, os humanos são muito mais vírus do que são do sexo masculino.

O que esse DNA estranho faz em nós varia, mas um exemplo se sobressai: a formação da placenta. Há células espalhadas pelo corpo em tecidos especializados com o belo nome de sincício. Elas têm múltiplos núcleos, formados quando as células se fundem, o que acontece no desenvolvimento de alguns tecidos musculares, dos ossos e das células cardíacas. O sincício na placenta compõe um tecido altamente especializado e essencial com o nome ainda mais bonito de sinciciotrofoblasto. Trata-se dos dedos longos e finos da placenta em crescimento que invadem a parede do útero para proporcionar a interface entre a mãe e o embrião, por onde líquidos, dejetos e nutrientes são trocados. Ele é também um tecido que refreia o sistema imunológico da mãe para impedir que o corpo automaticamente rejeite a criança em desenvolvimento como se fosse um invasor. Essas células compõem a interseção da reprodução humana, onde uma vida dá origem à próxima. Já os genes que promovem a formação dessas células da placenta não são nada humanos. Os primatas adquiriram-nos de um vírus há cerca de 45 milhões de anos; no vírus, os genes também encorajam a fusão da célula hospedeira com o próprio vírus, ajudando a impedir que o sistema imunológico reaja à infecção. Mas eles foram selecionados e integrados aos nossos próprios genomas, e hoje são essenciais para uma gravidez bem-sucedida. É claro que os mamíferos têm placenta há muito mais do que 45 milhões de anos, e essa é uma história esquisita e maravilhosa da evolução. Os ratos, que também têm um sinciciotrofoblasto essencial, contam com um conjunto de genes muito semelhantes envolvidos, estes também adquiridos a partir de um vírus, mas completamente diferente. É um exemplo fantástico da convergência evolutiva no nível molecular. A aquisição de um programa genético viral já promoveu inúmeras vezes o desenvolvimento dos mamíferos, de maneiras quase idênticas.

Mãos e pés

Temos duplicações de genes em combinações que só os humanos apresentam. E temos versões de genes que também só são encontradas na nossa espécie. Também podemos falar sobre o que genes específicos fazem em nós.

Comparamos os comportamentos dos animais conosco neste livro, e podemos estender isso a comparações genéticas. Temos muitos genes que são compartilhados com todos os organismos, cujas origens têm milhões de anos. Eles, em geral, codificam elementos bioquímicos muito básicos. São genes que compartilhamos com todos os animais, ou com todos os mamíferos, ou com todos os primatas, ou com todos os hominídeos. Genealogias genéticas lembram muito árvores genealógicas evolucionárias, mas não exatamente. O motivo principal é que as árvores genealógicas evolucionárias não têm formato de árvores. Bastam algumas gerações para que se tornem redes complexas, à medida que os ancestrais ocupam mais de uma posição no seu pedigree. Eis um exemplo extremo da nossa pré-história: as linhagens do *Homo sapiens* e do *Homo neanderthalensis* se separaram há 600 mil anos. Ambas evoluíram de forma independente por todo esse tempo, até 50 mil anos atrás, quando o *Homo sapiens* apareceu nas terras deles, e nós todos fizemos sexo. Sabemos disso porque fizemos o sequenciamento do genoma neandertal, e se você é europeu,

O LIVRO DOS HUMANOS

não há dúvida de que carrega DNA que vem deles, tendo sido introduzido naquela época. Dentro de mil anos, eles haviam desaparecido, mas os vestígios de seu DNA sobreviveram em nós. Parte desse DNA neandertal exerce influências sutis na biologia dos europeus de hoje, inclusive na cor da pele e do cabelo, na altura, nos padrões de sono e até na predisposição para ser fumante, ainda que esse vício só tenha sido inventado algumas centenas de milênios depois.* Em termos de uma árvore evolucionária, portanto, a introgressão do DNA neandertal em você, caso tenha ascendência europeia, representa um laço. Árvores não têm laços. Embora os genes costumem ser transmitidos nas árvores genealógicas, as árvores podem ser confusas e os genes podem entrar em uma linhagem de outras partes, de primos ancestrais, ou até, como vimos, de um vírus. Também podem se perder com o tempo através do processo normal pelo qual os genes são reordenados sempre que um óvulo ou um esperma é produzido.

Apesar da confusão que é a ancestralidade, podemos comparar de forma legítima o DNA presente em nós, nos denisovanos, nos neandertais e em outros hominídeos, e tentar deduzir se as diferenças que vemos são significativas.

O HACNS1 não é um gene.** É uma cadeia de 546 letras de DNA chamada "enhancer" ou "acentuador", dezesseis das quais são especificamente diferentes das que os chimpanzés têm. Não é um gene porque não codifica uma proteína, mas o que os acentuadores (ou outras

---

* Uma variação genética natural envolvida em algo sem relação tem um impacto em como metabolizamos as substâncias químicas presentes no tabaco.

** O nome é uma sigla para "human-accelerated conserved non-coding sequence 1" [em tradução livre, "sequência conservada não codificadora humano-acelerada"]. Humano--acelerada porque as mudanças individuais na sequência parecem ter sido adquiridas muito rapidamente, o que também pode indicar o peso de seu papel em uma função específica para nós. Os genes são, em geral e historicamente, considerados DNA que codifica uma proteína. Essa não é, porém, uma definição rígida, visto que outros elementos genéticos estão surgindo — para sermos específicos, trechos de DNA que compõem o RNA, o qual tem uma função própria sem ser traduzido em proteínas. De qualquer maneira, você, provavelmente, está ficando com a impressão de que a evolução e a biologia são temas confusos com regras que basicamente funcionam na maior parte do tempo, às vezes, com muitas exceções. Você está certo. Os físicos nunca têm esse problema, diabinhos sortudos que são.

MÃOS E PÉS

cadeias não codificadoras de DNA) fazem é atuar como reguladores de genes. Cada célula com um núcleo contém cada gene, mas nem todas as células precisam de todos os genes para serem ativas em um momento. Os acentuadores tendem a ficar localizados perto do início dos genes e atuar como instruções para a ativação do gene. Em geral, lemos frases do início para o fim, e, em inglês, da esquerda para a direita. Os genes estão distribuídos por todo o genoma e podem ser lidos em qualquer direção, em qualquer ordem, em qualquer cromossomo, pois, diferente de um livro, nunca são escritos em um único intervalo ou desenvolvidos conforme um plano. Um gene no cromossomo 1 pode ativar um gene no cromossomo 22. Os acentuadores e outras cadeias reguladoras de DNA controlam esse caos aparente.

Podemos testar a função de um acentuador observando onde e quando ele está ativo, e fazer a experiência de comparar a versão do chimpanzé e a versão humana em embriões de ratos. O HACNS1 está ativo em muitos tecidos, inclusive no cérebro, mas exibe uma atividade frenética nos membros posteriores em desenvolvimento, principalmente nas pontas da estrutura que se tornará a pata. A mesma experiência com a versão do HACNS1 do chimpanzé não exibiu grande atividade no mesmo local. Também existe um padrão semelhante nos membros traseiros. Como esse bloco de DNA é um acentuador, e não um gene propriamente dito, uma maior atividade nas mãos e nos pés indica seu papel na ativação de outros genes, que provavelmente são diferentes nesses membros. A destreza das mãos humanas é essencial para a produção de ferramentas, algo em que somos mais habilidosos do que outros hominídeos, em especial no que diz respeito à capacidade de girar o polegar (que, em nós, é mais comprido em relação aos outros quatro dedos). Por outro lado, a falta de destreza e dedos dos pés mais curtos foi uma característica essencial para que nos tornássemos bípedes. É uma teoria incrível o fato de a rápida evolução desse pequeno bloco de DNA ter tido um papel tão importante em alterar a morfologia de nossas mãos e pés de formas que se tornaram distintas e exclusivamente humanas.

O LIVRO DOS HUMANOS

Eu poderia listar aqui mais alguns genes que são pistas para a base genética de características que são exclusividades humanas, e muitas outras serão descobertas em breve. Os genes envolvidos no desenvolvimento cerebral são particularmente intrigantes, pois temos um cérebro grande e interessante. Porém, exatamente por termos cérebro grande e interessante, um grande número de genes está envolvido no crescimento e na manutenção da matéria neural. Alguns promovem a multiplicação de novos neurônios; outros, o desenvolvimento de conexões entre neurônios. Alguns são ativos em áreas específicas do cérebro, em especial no neurocórtex, onde grande parte do nosso discernimento e da nossa personalidade é centrada. Muitos desses candidatos farão inúmeras dessas coisas, e mais, pois a evolução faz experiências, e é mais fácil e eficiente adaptar e reutilizar algo que já existe do que inventar algo do zero.

Genes individuais costumam ser fascinantes por si só — embora muitos sejam enfadonhos —, e é importante que, incluindo os outros 20 mil genes que o ser humano tem, continuemos investigando o que eles fazem, como se desenvolveram, como interagem com o restante da nossa biologia e o que acontece quando dão errado. Também precisamos analisar como eles trabalham uns com os outros no contexto de um organismo em funcionamento.

Trava-língua

Existe um gene que vale uma análise mais profunda. É um gene que tem muito a dizer sobre nossa história, que fala muito sobre a evolução, e também sobre como falamos a respeito da evolução, isso porque é um gene essencial para a fala. A história começa nos anos 1990, no Great Ormond Street Hospital, em Londres. Uma família, conhecida simplesmente como KE, estava recebendo tratamento para um tipo específico de uma rara apraxia da fala, o que significa que muitos membros da família tinham uma dificuldade considerável de transformar sons em sílabas, sílabas em palavras, e palavras em frases. Quinze pessoas de três gerações apresentavam esses sintomas, as crianças de forma mais óbvia, que diziam coisas como "bu" em vez de "blue" e "boon" em vez de "spoon", entre outros erros verbais. Uma investigação mais meticulosa mostrou que os membros afetados da família também tinham dificuldades que não estavam relacionadas apenas à articulação das palavras, mas também a movimentos mais básicos, porém específicos, da face e da boca. Quando a mesma condição é identificada em várias gerações de uma família, traçamos um pedigree e rotulamos os indivíduos que a apresentam. Podemos, assim, presumir que a mistura aleatória de genomas que acontece quando esperma e óvulo são produzidos não eliminou da linhagem o DNA causador da doença, mas foi mantido nesses indivíduos. O padrão de hereditariedade da famí-

O LIVRO DOS HUMANOS

lia KE apontava para um único defeito genético como causa. Embora as coisas sejam muito mais complicadas hoje, naquela época da história da genética clínica a maioria das doenças identificadas tinha sua raiz em um único gene — condições como fibrose cística, doença de Huntingdon ou hemofilia. Naquele tempo antigo da genética, os pesquisadores usavam um pedigree como esse para identificar um gene, e, em 1998, Simon Fisher e sua equipe encontraram a causa dos problemas de fala e linguagem dessa família. Era um gene que foi batizado de *FOXP2*, e desde então se tornou um ícone da genética e da evolução.

O gene *FOXP2* codifica um fator de transcrição.* Os fatores de transcrição são proteínas cuja única função é se fixar em blocos muito específicos de DNA (como o acentuador HACNS1 descrito antes). Desse modo, um gene pode controlar a atividade de um segundo, um terceiro, e assim por diante, e é desencadeada uma sucessão complexa de tarefas que ajuda a especificar as diferentes células e tecidos em um embrião em desenvolvimento. Todos os genes são importantes, mas alguns são mais do que outros, e os fatores de transcrição estão na segunda categoria. Durante seu período como embrião *in utero*, você se desenvolveu de uma única célula para trilhões, cuidadosamente organizadas em diferentes tipos de células, em tecidos diferentes que exercem funções muito específicas. Os fatores de transcrição têm um papel importante no desenvolvimento do embrião. Eles atuam como controladores, trabalhando como capatazes, tomando importantes decisões para a construção, como a determinação de qual extremidade de um aglomerado amorfo de células será a cabeça e qual será o traseiro. Concluída a tarefa, outros fatores de transcrição podem traçar planos ainda mais precisos para especificar "um cérebro fica nessa extremidade", "na área do cérebro, os olhos ficarão aqui", "na região dos olhos, a retina ficará aqui", "na retina, aqui ficam os fotorreceptores" e "dos fotorreceptores, esses

---

* Uma breve e necessariamente tediosa nota a respeito de como escrevemos sobre os genes. Um gene codifica uma proteína; ambos costumam ter a mesma designação, mas os genes são grafados em itálico. *FOXP2*, o gene, codifica a proteína FOXP2. Além disso, genes humanos tendem a ser escritos em caixa alta, enquanto o gene equivalente no rato aparece em caixa baixa, mas segue a mesma lógica: *Foxp2* codifica Foxp2.

TRAVA-LÍNGUA

serão os bastonetes". Os detalhes vão ficando cada vez mais específicos à medida que o embrião se desenvolve e os tecidos vão se diferenciando até alcançar a maturidade. O *FOXP2* é um desses, operando em meio aos grandes esquemas do desenvolvimento de um embrião, e tem, principalmente, o efeito de instruir o crescimento de mais células. Quando verificamos seus pontos de atividade em um embrião, eles se encontram em áreas discretas espalhadas por todo o cérebro, claramente dirigindo todos os tipos de crescimento neuronal, inclusive no circuito motor, nos núcleos da base, no tálamo e no cerebelo.

Identificar os pontos de atividade de um gene é só uma das armas do arsenal dos geneticistas. Também podemos extrair a proteína e ver com o que ela interage, um tipo de passeio de pesca molecular. Quando pescamos com o *FOXP2*, os resultados são muito indiscriminados, mas alguns dos alvos oferecem pistas fascinantes, como uma curta cadeia de DNA conhecida como CNTNAP2, que é associada a distúrbios da fala.

Levando isso em conta, temos um gene que, quando defeituoso, causa uma litania de distúrbios da fala e da linguagem, e é ativo em vários tecidos intimamente associados à fala. Outros animais se comunicam oralmente, mas, em termos de sofisticação, nossa linguagem está, em todos os aspectos, a anos-luz do mais próximo.* Considerando que somos o único organismo que fala com uma sintaxe e uma gramática complexas, há grande utilidade numa base genética para as nossas capacidades linguísticas no tocante à tentativa de nos distinguirmos como diferentes de outros animais.

O *FOXP2* não foi criado *de novo* em nós. Na verdade, estamos falando de um gene muito antigo, como muitas vezes ocorre com os fatores de transcrição. Versões semelhantes são encontradas em mamíferos, répteis, peixes e pássaros, muitos dos quais fazem algum tipo de vocalização. Sabemos que a versão do *FOXP2* dos pássaros canoros atua no cérebro quando eles aprendem novas canções de outros machos para atrair as fêmeas.

---

* Com a possível exceção da frequência: a comunicação de alguns animais apresenta uma frequência muito mais alta ou baixa, e, portanto, inaudível para nós. Conforme mencionado na página 185, é o que acontece com os elefantes.

O *FOXP2* dos chimpanzés só tem dois aminoácidos diferentes entre os setecentos que compõem a proteína, mas as consequências são significativas — nós falamos, e eles não. O dos neandertais era o mesmo que o nosso, mas outros blocos de seu DNA podem regular as diferenças no que o gene faz. Os ratos, com quem compartilhamos um ancestral cerca de 9 milhões de anos antes de os dinossauros serem extintos, têm uma versão do *FOXP2* com apenas quatro aminoácidos diferentes. Quando verificamos onde atua o *Foxp2* dos ratos, vemos que é em lugares equivalentes do cérebro durante o desenvolvimento. Quando uma cópia do gene é experimentalmente removida dos ratos, eles exibem algumas anomalias, entre as quais a redução das vocalizações ultrassônicas que eles produzem no estado normal (se as duas cópias forem extraídas, o filhote de rato morre após 21 dias).

O fato de ser claramente essencial para a fala e a gramática humanas, de ser diferente em nós das versões de ratos e chimpanzés, e de ter tido seleção positiva no *Homo sapiens* demonstra a importância do *FOXP2*. Mostra que esse gene em particular é muito importante, mas não indispensável.

Podemos dissecar o corpo em várias escalas diferentes, e a genética é ultramicroanatomia. Se diminuirmos o zoom, a resolução útil seguinte pode ser anatomia de verdade. Afinal, os genes codificam as proteínas que dirigem as células presentes em nosso organismo. A anatomia muda com o tempo: a embriologia é o estudo de como um óvulo fertilizado desenvolve-se em um embrião, enquanto a genética do desenvolvimento é o estudo dos genes que regulam esse desenvolvimento. Muitas vezes, pensamos apenas nos traços vocais adultos, mas não é preciso afirmar que as crianças nascem imaturas, o que é relevante para a compreensão do desenvolvimento da fala. A língua é um músculo grande e versátil que não corresponde apenas à parte da sua boca cheia de papilas gustativas. Ela vai até a laringe, e tem muitos nervos para controlar os movimentos e as sensações de que precisamos. Em um recém-nascido, a língua está quase completamente restrita à boca, para que o fluxo de ar da laringe esteja conectado ao nariz e o bebê possa respirar enquanto mama. À medida que as crianças crescem, a língua vai descendo para a laringe, o que permite a formação dos sons das vogais, como "i" e "u".

TRAVA-LÍNGUA

Existe um osso em forma de ferradura na nossa garganta que é muito importante, chamado hioide. Ele fica sob o queixo, com cornos apontando para trás, e sobe e desce quando engolimos. É moldado de forma intrincada para acomodar doze ligamentos musculares diferentes, o que serve para nos dar uma ideia da sofisticação desse osso. Tanto os pássaros quanto os mamíferos e répteis têm versões de hioides, mas o nosso é muito mais complexo, o que reflete a complexidade da arquitetura anatômica necessária para a criação da grande variedade de sons que, para nós, é tão natural, combinada à excelente função motora dos músculos da laringe e da face. Acreditamos que os neandertais também tinham hioides elaborados semelhantes, pelo menos com base no espécime encontrado na caverna de Kebara, em Israel. A anatomia geral era diferente da nossa — não muito, mas o suficiente para especularmos que o hioide deles fazia coisas um pouco diferentes do que o nosso. Mas nada disso é o suficiente para pensarmos que os neandertais não falavam; eles tinham uma genética, uma neurociência e uma anatomia semelhantes. Isso, por enquanto, é o melhor que podemos fazer.

O *FOXP2* é importante para a evolução humana, mas também para a evolução da ciência. Foi um dos primeiros genes a serem caracterizados como causadores de uma falha neurológica específica quando defeituosos, e, por essa razão, conclui-se que ele tem um impacto significativo sobre nossa natureza, muito maior do que vários outros genes. Recebeu descrições como "*o* gene da linguagem", e também como *o* gatilho que disparou a arma da nossa modernidade. Chegaremos ao papel da fala no nosso comportamento em algumas páginas, mas ele é crucial para compreendermos que as complexidades da genética no que diz respeito à anatomia e aos comportamentos são, ao mesmo tempo, impenetravelmente complexas e pouco compreendidas. Podemos ver que o *FOXP2* é essencial, mas ele é ativo em um grande número de células no cérebro, por isso exerce influência sobre outras funções biológicas. Os problemas da família KE não se limitavam à fala. Eles também tinham dificuldades com tarefas léxicas, em que o sujeito precisa distinguir entre palavras reais e palavras sem sentido que seguem regras gerais do inglês, como "glev" ou "slint". Trata-se de um efeito psicolinguístico. Mais uma vez, isso indica a complexa interação entre as capacidades motoras e cognitivas.

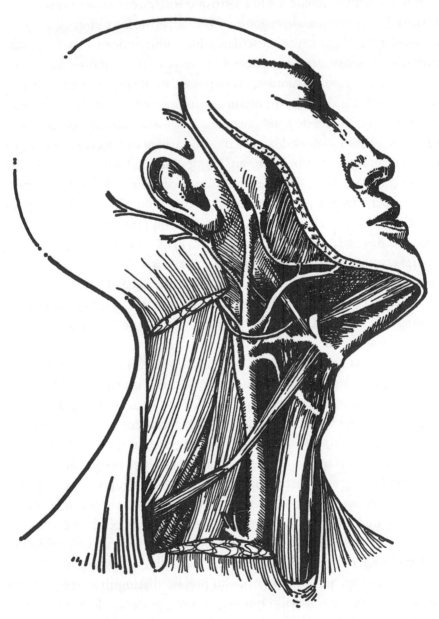

Um osso hioide muito intrincado

TRAVA-LÍNGUA

O grande linguista do século XX Noam Chomsky sugeriu uma noção romântica de que houve uma transição, uma centelha que acendeu o fogo da linguagem em nós, enquanto, na melhor das hipóteses, os outros só conseguiam se comunicar com rosnados e gestos. Sua escala de tempo é plausível, milhares de gerações, mas implica uma linearidade concentrada fundada em um único gatilho.

A evolução não funciona assim. Os geneticistas modernos mostraram que os humanos migraram muito mais do que se acreditava anteriormente, e reproduziram continuamente na África e fora do continente, fatos que não suportam uma visão linear da nossa profunda história. Além disso, a fala não é uma coisa só. A capacidade física da fala, com sua anatomia e controle neural dessa anatomia, não é distinta do controle neural da fala. Somos um sistema composto de engrenagens e peças interconectadas. Precisamos levar em conta como os cérebros se desenvolvem, e o que os genes estão fazendo nesse processo. O tecido neural é altamente especializado, e contém centenas de tipos diferentes de células, cada um com sua própria identidade determinada pela genética. As células tornam-se tecido neural, e uma vez nessa via, crescem, migram e se adornam com sinapses e dendritos que se conectam com células adjacentes ou outras a milímetros ou centímetros de distância (o que é uma grande distância quando se é um neurônio). Depois de nascer, seu cérebro passou por um processo de desbastamento sináptico por muitos anos até a adolescência, quando conexões entre neurônios foram cortadas ou reforçadas com o objetivo de agilizar o pensamento e o aprendizado. Tudo isso é controlado por genes e por sua interação com nosso ambiente. A questão é que um gene envolvido nesse projeto de construção extremamente complexo apresenta grande probabilidade de ter diversos efeitos sobre diferentes tecidos, e dezenas, se não centenas de genes, terão um papel.

A fala é a saída audível resultante de dezenas de complexos fenômenos biológicos interconectados. O *FOXP2* é necessário, mas não suficiente. Um hioide muito estruturado é necessário, mas não suficiente. Um sistema neurológico capaz de fazer a coordenação motora fina das fibras

O LIVRO DOS HUMANOS

musculares na laringe, a língua, a mandíbula e a boca, bem como a formação de uma base psicológica capaz de percepção, abstração e descrição é absolutamente necessário, mas não suficiente. E, é claro, quando falamos, perturbamos partículas de ar, que vibram nos tímpanos dos nossos ouvidos e desencadeiam o processo igualmente complexo da audição. Sem ouvidos ou ar, não há fala. Os genes são modelos, o cérebro é suporte e o ambiente é uma tela. Nós separamos os três apenas para compreender o quadro geral, mas não vamos fingir que todas surgiram de uma só vez.

Uma maneira muito melhor de compreendermos a aquisição da fala — e, aliás, a aquisição de qualquer característica emergente nos humanos — é pelo modelo da seleção e da deriva genética, e através de uma interação alternante entre a cultura e os nossos genes, uma mutação no *FOXP2* estabeleceu uma estrutura a partir da qual a linguagem pôde se desenvolver. Não sabemos se os neandertais tinham a mesma estrutura; podemos imaginar, pela lógica, que sim, considerando suas semelhanças na cultura material, na morfologia, e que tinham uma versão do *FOXP2* que é a mesma em nós e diferente dos chimpanzés. Suspeito que eles falavam, mas será necessária uma experiência muito inteligente para ajudar a esclarecer essa questão, e não faço ideia de como ela pode ser feita — ainda não, ao menos.

Fale agora

Quando o assunto é a origem da linguagem, o problema é que a fala não deixa fósseis.

A biologia da fala já é complexa por si só, mas, como vimos, há muito mais em jogo do que a mera capacidade. A comunicação complexa é essencial para o que chamamos de modernidade comportamental, ou seja, como somos hoje em comparação a quando não éramos da forma atual. Chegaremos a esse ponto dentro de algumas páginas.

Somos biologicamente programados para a fala. Temos o modelo neurológico, genético e anatômico que dá o sinal verde para a possibilidade da linguagem. Temos uma capacidade latente de adquirir a linguagem, copiando os sons das pessoas ao nosso redor. Alguns pássaros também têm: eles aprendem suas canções de amor uns com os outros. Cada espécie de pássaro tem algumas canções, o suficiente para um ouvido bem treinado poder identificar uma espécie pelo som que produz, embora muitos tenham dialetos regionais (o mesmo acontece com algumas baleias). Os humanos, por outro lado, atualmente falam mais de 6 mil línguas distintas, que continuam evoluindo sem parar, a maioria rumando para a extinção, e é provável que você conheça dezenas de milhares de palavras e seja capaz de empregá-las conforme necessário. Também aprendemos sintaxe e gramática com as pessoas ao redor — nosso cérebro é uma pla-

O LIVRO DOS HUMANOS

taforma de software específica para a aquisição da linguagem. Qualquer um que tenha filhos já os ouviu cometerem erros adoráveis de gramática por terem, sem instrução, generalizado uma regra. Minha filha de 4 anos diz "swimmed" quando quer usar o particípio de "swim", porque seu cérebro aprendeu a regra de que ações do passado geralmente são denotadas pelo acréscimo de "-ed" a uma palavra.* Precisamos aprender as exceções às regras, mas temos a capacidade inerente de transpor uma regra gramatical para outra palavra. Estamos falando de uma plataforma de software e tanto.

As palavras também mudam com o tempo. Palavras "cromuns" são sempre acrescentadas a fim de "engrandalhecer" nosso léxico para maior adequação ou aranzel; outras acabam em um monturo linguístico. Defensores presunçosos da gramática fantasiam que a linguagem está sempre se degradando de uma forma imaculada imaginada, sem reconhecer que palavras e linguagem estão em uma eterna evolução por meio do uso, e que o significado original de uma palavra não é necessariamente o mesmo que o do uso atual. Linguistas tentam nobremente e com sucesso desenhar árvores evolucionárias para palavras e línguas, o que é muito mais difícil do que a biologia evolucionária, pois a palavra falada não ecoa através do tempo como um osso que se transforma em rocha. Não obstante, construímos relações históricas entre línguas e árvores evolucionárias da linguagem. Elas podem ser muito informativas: uma hipotética linguagem protoindo-europeia deu origem a um tronco que produziu galhos eslávicos, ramos germânicos e cepas românicas, e, a partir de um tronco indo-iraniano, o iraniano, o anatólio e centenas de outras línguas e dialetos. Esses tipos de árvore não tendem a englobar a contínua transferência horizontal de palavras tomadas de outras línguas à medida que as pessoas migram através do planeta.

No último parágrafo, usei palavras em inglês que foram emprestadas, derivadas ou adotadas do hindi, do inglês antigo, do nórdico, do latim

---

* O particípio de "swim", ou "nadar", em inglês, é "swum". [N. da T.]

FALE AGORA

e de *Os Simpsons*.* O inglês recebeu uma invasão maciça de palavras com a conquista de Guilherme em 1066; os britânicos tiveram um fluxo contínuo de palavras do nórdico antigo durante os anos em que os vikings perturbaram a costa britânica; os romanos trouxeram o latim consigo — nossa linguagem incrivelmente rica representa uma mistura holística que reflete a nossa história, tanto genética quanto cultural. À medida que a genética vai se tornando mais sofisticada no mapeamento das migrações históricas, verificamos interações surpreendentes entre quem somos e o que falamos. Parece que o povo indígena de Vanuatu foi completamente substituído por volta de 400 a.C. por outra população do Arquipélago de Bismarck, mas reteve a mesma língua ao longo dessa transição. Nesse exemplo extremo, a transmissão cultural de uma língua está completamente desassociada dos genes.

---

* Loot [tomar/saquear]: لوت लूट; tree [árvore], do inglês antigo *trēow*; gave [deu]: do nórdico antigo *gefa*; nobly [nobremente], do latim *nobilis*, que significa "bem-nascido"; engrandalhecer: uma palavra cromum que significa "engrandecer", da sétima temporada, episódio "Lisa, a Iconoclasta" (1996).

Simbolismo nas palavras

Todas as palavras e significados que você armazena no cérebro, e todas as palavras que ainda aprenderá, encontram-se em uma tabela com mecanismo de busca que pode ser acessada sempre que for preciso. Você entende palavras. Se olhar para um nariz, reconhecerá que está olhando para um nariz, pois por meio das experiências você sabe qual é a aparência de um. Também sabe do que estou falando. Eu poderia também acrescentar outras palavras, adjetivos para reforçar a ideia; se você pensar em um imenso nariz vermelho, terá combinado três conceitos independentes — tamanho, cor e objeto —, fundindo-os não só como uma descrição simbólica de um objeto imaginado, mas uma descrição abstrata que não se baseia na realidade, e que você ainda assim é capaz de conceber. A plasticidade do simbolismo é complexa e inteligente.

Com exceção da onomatopeia, os linguistas costumam considerar o simbolismo nas palavras arbitrário. "Zunir" de fato soa o que significa, mas *deux, zwei, ni, tše pedi, rua, núnpa* e *tsvey** querem dizer, cada uma, um número ordinal entre um e menos de três, e não há razão aparente para essas palavras terem tais significados.

---

* Francês, alemão, japonês, sesoto, maori, dacota e ídiche.

O LIVRO DOS HUMANOS

Consideremos a baleia cachalote que, contra todas as probabilidades, se materializou acima do planeta Magrathea em *O guia do mochileiro das galáxias*. Surpresa com sua gênese, ela pondera, alegremente, sobre a origem das palavras enquanto cai:

> Que é essa coisa se aproximando de mim tão depressa? Tão depressa. Tão grande e chata e redonda, tão... tão... Merece um nome bem forte, um nome tão... tão... chão! É isso! Eis um bom nome: chão! Será que eu vou fazer amizade com ele?

Pobre baleia. Paradoxalmente, seu vocabulário era rico para comparar palavras quando procurava uma *de novo* para a terra letal abaixo de si. A implicação aqui é que existe uma propriedade inerente à palavra "chão" relacionada a suas características físicas. Um estudo em 2016 sugeriu que existe uma pequena inerência a certas palavras, algo universal. Os linguistas examinaram cem palavras que se qualificam como vocabulário básico de 62% dos idiomas do mundo. Entre essas palavras, estavam pronomes, verbos básicos de movimento e termos para partes do corpo e fenômenos naturais, como "you" e "we", "swim" e "walk", "nose" e "blood", "mountain" e "cloud".* A análise foi probabilística, o que significa que eles usaram estatística para calcular a possibilidade de os sons das palavras em línguas sem relação serem semelhantes a uma frequência mais alta, e não apenas pelo acaso. A palavra usada em inglês para descrever a percepção visual da energia do espectro eletromagnético a um comprimento de onda entre 620 e 750 nanômetros é "red" [vermelho]. Em outras línguas europeias próximas do inglês em tempo e espaço, as palavras para descrever o vermelho também contêm um som de "r" proeminente: *rouge, rosso, røt*. Mas é também mais provável que esse som de "r" tenha sido usado não por acaso, e sim como uma parte essencial das palavras empregadas para descrever o vermelho em

---

* Respectivamente, "você" e "nós", "nadar" e "andar", "nariz" e "sangue", "montanha" e "nuvem". [*N. da T.*]

SIMBOLISMO NAS PALAVRAS

línguas sem relação com as indo-europeias. A palavra para descrever a parte protuberante com dois orifícios no centro de nossas faces, usada principalmente para detectar odor, apresenta grande probabilidade de ter um som nasal ou de "n" no mundo inteiro.

Isso não necessariamente sugere que palavras com sons semelhantes têm uma raiz em comum, mas pode indicar que a estrutura lógica que possibilita a fala identifica uma gramática muito básica que faz algumas palavras gravitarem em torno de certos sons. Nosso cérebro pode nos guiar sutilmente em direção a certos sons que, de algum modo, lembram a coisa que eles descrevem.

Mesmo com isso em mente, esse efeito é sutil para línguas não relacionadas, e foi necessária uma análise profunda dos dados para identificá-lo. O simbolismo nas palavras não é, de forma geral, inerente. No mundo inteiro, as palavras usadas para descrever o nariz podem ter a tendência de soar nasais, mas *nez, Nase, hana, nko, ihu, ph'asú* e *noz* não são um nariz, e só descrevem um nariz por consenso.

Assim, qualquer língua depende da possibilidade de se atribuir uma coisa a outra. Com as dezenas de milhares de palavras que conhece, você pode ordená-las e construir uma linguagem aprendida para expressar significado, e faz isso cada vez que fala sem fazer uma cambulhada. Não é inteligente? Pesquisei "cambulhada" apenas para usar uma palavra incomum e que eu não conhecesse, mas mesmo sem conhecê-la você é capaz de saber exatamente o que ela significa pelo contexto da frase.

Uma palavra é uma unidade simbólica de significado para representar uma coisa, uma ação ou uma emoção. Mas quando um papagaio papagaia, não pensamos que ele está aplicando simbolismo aos sons que produz. Ele só está copiando. Também nos comunicamos por meios não verbais, através de gestos simbólicos, no sentido de que o gesto em si não necessariamente imita a ação a que faz referência. Alguns dos nossos gestos são demonstrativos da ação requerida, como a típica ação de convocação de mover um dedo repetidamente de um lado para o outro que diz "dali até aqui". Outros, claramente, não são, e seu significado é acertado na cultura. Um levantar de mão, com a palma voltada para

O LIVRO DOS HUMANOS

a frente, significa "pare" ou "olá" em muitas culturas. Esse aceno é demonstrado pelo homem nu nas placas de alumínio dourado a bordo das espaçonaves Pioneer 10 e 11, para o caso de algum dia elas encontrarem vida enquanto aceleram pela Via Láctea; sempre achei isso um pouco estranho, visto que a ação da mão poderia significar "quero socar seu rosto com a palma aberta", ou até "por favor, engravide-me com violência e dizime minha espécie" para qualquer alienígena desconhecedor de uma convenção tão arbitrária que pode ter significados opostos para muitos humanos.

Essa compreensão nasceu do entendimento do gesto simbólico não verbal entre chimpanzés e bonobos. A mão estendida no topo para um bonobo pode significar "suba em mim", e para os chimpanzés, "pare o que está fazendo", especialmente para um jovem. Uma grande coçada na parte superior do antebraço pode significar "iniciar limpeza" para um bonobo, ou "viaje comigo" para um chimpanzé. O braço erguido pode significar "vou subir em você" para um bonobo, mas "pegue aquela coisa" para um chimpanzé.

Como seria de esperar, muitos gestos para os bonobos significam "iniciar copulação" ou "esfregar genitais" (ver página 112), o mais óbvio dos quais é segurar as pernas com as mãos mostrando a genitália, o que parece dizer diretamente "interessado?". Esperemos que os alienígenas que encontrarem as espaçonaves Pioneer não sejam tão devassos quanto os bonobos. Os chimpanzés não são tão obcecados pelas partes íntimas, mas mesmo com essa castidade relativa, acenar um ramo ou dar um toque no ombro parece significar "que tal eu e você?" nas duas espécies do gênero *Pan*. Podemos concluir que os gestos são simbólicos e aprendidos, não só porque não necessariamente lembram a ação referida (embora a apresentação das genitais tenha um significado bastante óbvio), mas porque os significados são diferentes para duas espécies diferentes.

Também sabemos hoje que outros mamíferos são capazes de empregar o simbolismo aprendido. Os cães-da-pradaria e os macacos vervet têm chamados de alerta específicos para cada predador e agem de acordo. Para os macacos, um gemido baixo alerta para uma águia

SIMBOLISMO NAS PALAVRAS

acima, e em resposta os macacos olham para o céu e se escondem sob as árvores; um "hoo-haah" indica que um leopardo foi avistado, e os macacos rumam para os galhos mais finos de uma árvore capazes de suportar seu peso, mas não o de um leopardo; um grito agudo alerta para uma cobra, e a reação correta é ficar sobre os membros traseiros e vasculhar o solo.

O simbolismo sonoro tampouco se limita aos primatas. A estridulação é o ato de esfregar vigorosamente duas partes do corpo para produzir o som que os grilos e milhares de outros insetos emitem à noite, anunciando sua disponibilidade sexual. Não é apenas dizer "Estou aqui e estou na pista", já que muitos variam o tom para demarcar territórios ou como alarmes, e não apenas para sexo. E, falando de insetos, a famosa dança do requebrado das abelhas melíferas não passa de um gesto simbólico, inaudível, mas que indica informações sobre a distância e a direção para água ou néctar suculento.

O fato de os animais se comunicarem não é surpresa. Até aqui, nossa exploração da comunicação animal revelou que a capacidade de animais não humanos de transmitir informações através de mensagens explícitas ou gestos simbólicos é comum. Todas as evidências disponíveis até o momento sugerem que ela não é nada parecida com a nossa, ao menos em termos do número de unidades de sentido que eles têm em seu vocabulário. Como já vimos, vale observar que quase toda a natureza atua longe dos nossos olhos, e precisamos demonstrar certa humildade em relação às coisas que ainda não descobrimos. Sabemos da existência da vocalização infrassônica dos elefantes desde meados dos anos 1980. Eles se comunicam com outros elefantes usando frequências muito abaixo da nossa faixa audível, que têm a vantagem de viajar muitos quilômetros com pouca distorção. Estamos começando a ter uma boa ideia de como os golfinhos e algumas baleias convertem vibrações aéreas em sons aquáticos; nesses dois cetáceos, pode haver algumas semelhanças com as nossas laringes, mas no caso de outros tipos de baleia, como a *subordem Mysticeti*, não sabemos.

Em cativeiro, muitos hominídeos aprenderam um vocabulário de gestos simbólicos arbitrários por meio de instruções de seus cuidadores cientistas. Algumas celebridades primatas, como o bonobo Kanzi, que

O LIVRO DOS HUMANOS

nasceu na Universidade do Estado da Geórgia em 1980, e a gorila Koko, nascida no Zoológico de São Francisco em 1971 (e que morreu em junho de 2018), conseguiram aprender centenas de sinais como uma linguagem básica. Não se sabe se esses sinais são apenas aprendidos pela rotina ou se eles têm alguma compreensão deles. Um cachorro fica animado ao ouvir o som da palavra "passear" ou "parque" não porque sabe que está indo para um belo espaço verde, mas simplesmente pela associação repetida entre a palavra e um programa agradável. Minha esposa e eu usávamos a palavra francesa *glace* para não alertar nossos filhos pequenos sobre um possível sorvete como guloseima. Mas, assim como cães sem nenhum conhecimento de francês, eles logo descobriram que quando dizíamos *glace* no contexto de uma frase e no parque, frequentemente vinha um sorvete.

Esses hominídeos em cativeiro têm um número significativamente alto de sinais em seu vocabulário, centenas, o que equivale ao de uma criança de 3 anos. Mas os hominídeos não humanos não têm nenhum senso de gramática, nem capacidade de produzir uma frase de três palavras com facilidade — *Quero muito sorvete*. O que as crianças fazem é fundamentalmente diferente. Genes, cérebros, anatomia e meio ambiente fornecem a tela em que as crianças aprendem palavras complexas, abstratas, arbitrárias e simbólicas, gramática, sintaxe e linguagem, e elas fazem isso sem precisar sequer tentar.

O simbolismo verbal, ou ao menos sonoro, não se limita aos humanos, e o mesmo pode ser dito do simbolismo gestual. Como ocorre em outros exemplos neste livro, precisamos tomar cuidado ao sugerir que comportamentos semelhantes entre os animais e nós têm uma origem evolucionária compartilhada. A genética do *FOXP2* presente em nós e em outros animais que fazem vocalização demonstra que existe um precedente evolucionário claro para a mecânica genética, neural e anatômica da produção de som com a boca, dos pássaros aos macacos, passando pelos golfinhos, e até nós (essa capacidade não é compartilhada pelos insetos, que produzem som com seus membros e outras partes do corpo). A aplicação de significado a esses símbolos — sons e gestos — parece restrito a certas espécies, mas estamos léguas à frente em diversidade e sofisticação.

SIMBOLISMO NAS PALAVRAS

Precisamos falar, precisamos descrever, precisamos abstrair e precisamos prever e trocar informações sobre nossos pensamentos e os pensamentos de outras pessoas. Talvez, na vida selvagem, longe das nossas mentes curiosas, a comunicação dos gorilas seja muito mais sofisticada, com mecanismos que ainda não identificamos. Sua comunicação se desenvolveu para estar de acordo com o que os gorilas fazem, e não como modelos evolucionários e neurológicos para compreendermos por que fazemos o que fazemos. Por enquanto, a linguagem é uma exclusividade nossa.

Sim, uma exclusividade, mas é provável que os neandertais fossem como nós. E provavelmente descobriremos que os denisovanos eram falantes em potencial, basta encontrar mais fósseis deles.

Simbolismo além das palavras

Nós falamos, com todo o software e hardware necessários. Não foi um botão que nos diferenciou dos outros hominídeos e nos tornou o que somos agora. Acreditamos que a capacidade plena de utilização da linguagem existe há cerca de 70 mil anos, pois foi quando aconteceu a diáspora da África, e todas as populações dispersas a partir desse êxodo têm linguagens sofisticadas. Se estivermos certos na suposição de que os neandertais e os denisovanos também tinham linguagens sofisticadas, podemos considerar uma entre duas opções: ou a linguagem já existia antes de nossas três raças humanas se separarem, mais de 600 mil anos atrás, ou a capacidade física para uma linguagem sofisticada estava presente tanto em nós quanto neles, e começamos a falar separadamente.

Seja como for que a fala e a linguagem tenham surgido nos humanos, foi uma transição, com todas as peças necessárias, mas não suficientes, tendo sido ajustadas de uma forma ou de outra — pelo acaso ou pela seleção. O fato de ter sido uma transição, e não uma revolução, significa que levou tempo. Mas não podemos ter uma boa ideia de quão longo foi esse tempo. A separação da nossa linhagem da dos outros hominídeos ocorreu há 6 ou 7 milhões de anos. Sabemos que, definitivamente, aconteceu depois disso. Nosso cérebro teve um aumento significativo

O LIVRO DOS HUMANOS

a partir de cerca de 2,4 milhões de anos atrás, e continuou crescendo, então também foi definitivamente depois disso, e não achamos que um cérebro pequeno tenha poder de fogo o bastante para uma fala e uma linguagem completamente funcionais. O *Homo sapiens* surgiu há 300 mil anos, de acordo com os espécimes encontrados no Marrocos e na África Oriental, e a partir de 100 mil anos atrás nossa estrutura física já era, basicamente, a mesma que hoje.

Há 40 mil anos, surgiu a arte. Foi um grande passo para a nossa compreensão do simbolismo. Na época, humanos espalhados por todo o planeta começaram a exibir o que os cientistas às vezes chamam de "o pacote completo", ou seja, a modernidade comportamental. Em um istmo gigante do sul, na ilha de Sulawesi, Indonésia, existem cavernas que eram casas de pessoas há mais de mil anos. A cerca de 6 metros de uma caverna em particular fica um mural composto de 1,5 metro de desenhos. Há doze mãos — na verdade, sombras de mãos, pois elas foram feitas com estêncil — com ocre vermelho soprado por um tubo fino para contornar as mãos de uma pessoa há muito falecida. Mais adiante, há o desenho de um porco gordo e de um misto de porco e cervo chamado babirusa. Eles foram desenhados por volta de 35 mil anos atrás, e a mais antiga das pinturas de mãos tem 39 mil anos.

Na Europa, por volta do mesmo período, as pessoas criavam arte de formas muito semelhantes. O sul da França está cheio de cavernas adornadas com imagens de uma beleza e uma habilidade estonteantes, datadas mais ou menos da mesma época, chegando até o presente. Lascaux, perto de Montignac, provavelmente é a mais famosa, uma galeria de arte do Pleistoceno de um período muito mais recente, 17 mil anos atrás, exibindo mais de 6 mil imagens, interpretações de caçadas, com cavalos e bisões, felinos, o alce extinto *Megaloceros giganteus*, e símbolos abstratos cujo significado talvez jamais venhamos a compreender. As pessoas pintavam com carvão e hematita, que eram aplicados na parede como pigmentos em suspensão com gordura de animal e argila. São imagens de tirar o fôlego.

SIMBOLISMO ALÉM DAS PALAVRAS

A oeste, a caverna Chauvet-Pont-d'Arc conta com a arte de parede mais antiga da Europa, mais uma vez com animais em alto-relevo, com caças e caçadores — leões-das-cavernas, hienas, ursos e panteras, *minha nossa*! Os mais antigos desses desenhos foram pintados há 37 mil anos, de acordo com os estudos mais atualizados, de 2016.

E, então, há o *Löwenmensch* — o Homem-Leão de Hohlenstein--Stadel. Nas montanhas entre Nuremberg e Munique, na Suábia, há cavernas que renderam uma das obras mais importantes já produzidas por um artista desconhecido. Há cerca de 40 mil anos, uma mulher ou um homem sentou-se em algum lugar próximo ou no interior da caverna, com restos de uma caça espalhados ao redor. Essa pessoa pegou um pedaço de marfim, o dente de um mamute lanoso e ponderou refletidamente que esse poderia ser o material certo, com o formato e o tamanho correto para algo em que vinha pensando. Hoje extinto, o leão-das-cavernas na época era um predador implacável, representando uma ameaça às pessoas e aos animais que elas caçavam e comiam. O indivíduo em questão pensou nos leões, em como eram formidáveis, e talvez tenha se perguntado como seria ter o poder de um leão no corpo de um humano. Talvez essa tribo reverenciasse os leões-das-cavernas por medo e admiração. Seja qual tenha sido o motivo, esse artista pegou um dente de mamute, uma faca de sílex, e, com muita paciência, moldou o marfim em um personagem místico.

É uma quimera, uma besta fantástica composta das partes de vários animais. As quimeras existem em todas as culturas humanas, na maior parte da história, de sereias, faunos e centauros, passando pelo glorioso deus homem-macaco Hanuman e pela mulher-cobra japonesa Nure-onna, ao Wolpertinger, uma travessa criatura bávara que era parte pato, parte esquilo e parte coelho, com chifres e dentes de vampiro.

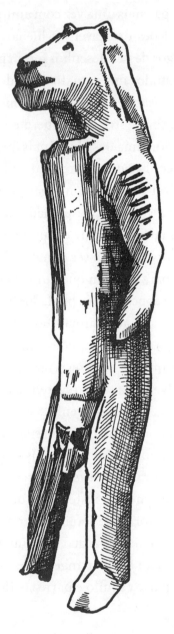

O Homem-Leão de Hohlenstein-Stadel

SIMBOLISMO ALÉM DAS PALAVRAS

Hoje, alcançamos a manifestação máxima de um interesse de 40 mil anos por criaturas híbridas na engenharia genética, em que elementos de um animal são transpostos para outro, e, assim, temos gatos que brilham no escuro com os genes da água-viva bioluminescente *Aquorea victoria*, habitante de águas profundas, e cabras que produzem a seda dragline das aranhas-tecedeiras-de-seda-dourada em suas glândulas mamárias.

A primeira conhecida é o *Löwenmensch*. Trata-se de uma obra extraordinária, com cerca de 30 centímetros, a imagem de um homem com cabeça de leão, e uma importante peça para compreendermos nossa evolução. Sobre o artista, ela demonstra uma habilidade profunda, grande coordenação motora, presciência na seleção do osso certo e a concepção de um plano anterior para a escultura da figura. De modo crucial, demonstra uma disposição para imaginar algo que não existe.

A figura é um homem, conforme determinado pela genitália, e tem sete listras no braço esquerdo, quase como tatuagens. Ela foi encontrada em 1939, nas profundezas de uma caverna em Hohlenstein-Stadel, em uma câmara quase secreta, um tipo de cubículo que também continha outros objetos — chifres esculpidos, pingentes e contas. Supõe-se que esses objetos fossem preciosos, talvez coisas de um significado totêmico. Ali perto, na caverna de Vogelherd, foram encontradas as esculturas de um mamute e de um cavalo selvagem, além de uma cabeça esculpida com esmero de um leão-das-cavernas. Talvez, na época, leões-das-cavernas fossem icônicos para algum culto cerimonial, e as marcas de cortes no braço significassem algo importante nessa criatura mística. Talvez.

Alguns quilômetros a leste, encontramos os primeiros exemplos de outro amuleto — a Vênus de Hohle Fels (ver ilustração na página 15). Existem muitos exemplos de corpos femininos esculpidos na pré-história. Em geral, eles são chamados de Vênus como referência ao primeiro, descoberto em Dordogne na década de 1860 por Paul Hurault, oitavo marquês de Vibraye, que, ao observar a incisão pronunciada representando a vulva, chamou-a *Vénus Impudique* — a "Vênus impudica". A Vênus de Hohle Fels é a mais antiga dessas figuras, de provavelmente 40 mil anos. É a primeira representação do corpo humano de que se tem conhecimento.

Essa Vênus também é uma abstração. Trata-se, claramente, do corpo humano, mas um corpo muito distorcido, com traços que vão muito além do realismo. Os seios são colossais e a cabeça é minúscula. Ela tem uma cintura enorme e lábios vaginais inchados. As características sexuais exageradas também são vistas em algumas das outras imagens da Vênus do Paleolítico, o que levou à especulação de que seriam amuletos ou até deusas da fertilidade. Alguns sugeriram que elas poderiam ser pornográficas. Embora não faltem exemplos de arte exibindo mulheres erotizadas feita por homens, não sabemos qual foi a motivação do escultor da Vênus. As semelhanças entre as poucas estatuetas da Vênus que restaram de fato sugerem uma dimensão sexual para sua existência, e imaginar que eram amuletos da fertilidade não é mais nem menos especulação do que considerar que tenham sido a fantasia de um artista do Paleolítico. Não sabemos ao certo por que as cabeças muitas vezes são pequenas: talvez isso esteja relacionado à perspectiva, já que não podemos ver nossa própria cabeça, portanto, do ponto de vista do próprio indivíduo, ela é pequena, e, ao olhar para baixo, os seios podem parecer desproporcionalmente maiores; embora isso não justifique o fato de que o artista poderia ter considerado a cabeça e o corpo de outras pessoas. Talvez tenha sido uma escolha artística. Se daqui a 1 milhão de anos você descobrisse um retrato de Francis Bacon ou a tapeçaria de Bayeux isolada sem qualquer contexto, poderia ter dúvidas sobre o que os artistas tinham em mente. Jamais saberemos no que os escultores do Paleolítico estavam pensando. O que sabemos é que a mente deles não era diferente da nossa.

Há também flautas-doces desse período na Alemanha, tubos ocos com orifícios de dedos esculpidos em ossos de cisnes-brancos, mamutes e de um abutre-fouveiro. Instrumentos de percussão podem muito bem tê-los precedido, já que bater em coisas para produzir sons rítmicos não requer a mesma imaginação cognitiva que a escultura de um apito com várias notas musicais determinadas pela posição dos dedos (peço desculpas aos bateristas de todo o mundo).

Há certa controvérsia em relação à precisão dessas datas. As técnicas usadas na datação de rochas e na arte feita nelas nem sempre são una-

SIMBOLISMO ALÉM DAS PALAVRAS

nimidade, e as margens de erro podem ser de milhares de anos. Para a extensão total da evolução humana, as datas precisas não são cruciais. Há cerca de 40 mil anos, encontramos representações claras e inequívocas de arte figurativa em diversas formas, e evidências cristalinas da imaginação, do pensamento abstrato, da música e de capacidades motoras precisas. Algo havia mudado.

A esfera geográfica é importante, não apenas por si só, mas porque a Indonésia fica muito longe da Europa. A arte que encontramos nas cavernas da Europa é mais ou menos do mesmo período, o que significa das duas uma: ou a capacidade de se criarem tais obras era compartilhada por um ancestral comum entre os artistas indonésios e os europeus, o que aponta para dezenas de milhares de anos antes; ou as pessoas na Indonésia começaram a desenhar de forma independente em torno da mesma época. Em virtude da escassez de vestígios artísticos presentes nos registros geológicos, a explicação mais simples é a segunda. Para justificar a ideia de um ancestral artístico comum, precisaríamos encontrar obras de arte muito mais antigas geograficamente espalhadas da Europa à Indonésia.

Todos esses artefatos exibem sinais claros das marcas registradas da modernidade. Esses artistas tinham "o pacote completo". Tinham uma cultura rica e reverência pelo ambiente, o que implica um reconhecimento emocional do seu lugar na natureza e em suas próprias tribos. Eles pensavam sobre sexo e imaginavam criaturas oníricas que não poderiam existir, mas, de alguma forma, diziam-lhes algo sobre sua vida. Esse comportamento se espalharia pelo mundo nos 10 ou 20 mil anos seguintes, embora não necessariamente partindo de uma única raiz. Evidências de pacotes ainda mais completos são encontradas na Sibéria, no nordeste e no sudeste da Ásia, e na Austrália nos milênios seguintes, apesar de não podermos presumir que esses povos tenham aprendido novas capacidades cognitivas de uma linhagem direta; eles podem ter se desenvolvido sozinhos nesses lugares. Seja como isso tenha surgido globalmente, esses primeiros artistas tinham música, pintura e se vestiam segundo modas. Já éramos nós.

O LIVRO DOS HUMANOS

Até 2018, pensávamos que só nós éramos como eles. No norte da Espanha, há cavernas na costa cantábrica, e nas profundezas de uma conhecida como El Castillo há grandes quadrados semelhantes a molduras de 45 centímetros, com tinta vermelha e preta. No interior de uma das molduras, vê-se o contorno dos membros traseiros de um animal que poderia ser bovino, mas é impossível saber ao certo. Em outro painel, está a imagem da cabeça de um animal, mais uma vez com a possibilidade de ser um bisão ou, talvez, um cavalo. Há também símbolos lineares, formas geométricas e uma imagem esquisita que quase lembra a silhueta do corpo humano, estranhamente parecida com o retrato de 1955 de Picasso da silhueta de Dom Quixote.

Essas pinturas e dois outros exemplos da arte espanhola das cavernas foram datados no início de 2018, e, em todos os casos, pareciam ter mais de 64 mil anos. O único povo presente na Europa nessa época não era o *Homo sapiens*. Era o *Homo neanderthalensis*. Os neandertais foram de forma pequena, mas absoluta, os ancestrais da maioria dos europeus da atualidade através da reprodução entre espécies. Foram os primeiros na Europa, centenas de milhares de anos antes de os nossos ancestrais diretos começarem a gotejar da África. Esses povos neandertais pensavam em suas caçadas e pintavam suas presas em paredes 20 mil anos antes de invadirmos seu território.

Os primeiros exemplos de arte figurativa não foram feitos por nós, mas por nossos primos. Sabemos há algum tempo que os neandertais tinham cultura, e mais cedo discutimos sobre o potencial de suas capacidades vocais. As cavernas localizadas no Rochedo de Gibraltar têm sido uma rica fonte de atividade neandertal, e revelaram sua cultura, dietas e um exemplo de algo semelhante à arte. Na caverna de Gorham, há uma série de esboços que lembram vestígios de um grande jogo da velha. As marcas eram muito deliberadas, uma fenda aberta pela ação repetida de mais de cinquenta golpes há cerca de 40 mil anos. Os cientistas de Gibraltar que administram esse sítio fantástico tentaram emular sua criação e desconsiderar como efeito colateral do corte de carne ou do trabalho com peles. As linhas foram esculpidas deliberadamente e sem razão óbvia.

SIMBOLISMO ALÉM DAS PALAVRAS

Podemos voltar mais ainda. Para nós, houve alguns exemplos claros do comportamento moderno dezenas de milhares de anos antes de os neandertais deixarem este mundo e de termos nos tornado os últimos humanos. Até onde sabemos, os neandertais nunca estiveram na África. A caverna Blombos, na África do Sul, fica às margens do oceano Índico, e tem sido um foco de evidências dos estilos de vida humanos modernos, evidências que datam de mais de 70 mil anos atrás, entre as quais ferramentas de ossos, caça especializada, o uso de recursos aquáticos, comércio de longa distância, contas de conchas, o uso de pigmentos, a arte e a decoração, notavelmente em folhelho ocre, meticulosamente esculpidas com padrões geométricos entrelaçados. Não muito longe, nas cavernas de Pinnacle Point, encontramos lâminas de quartzito microdelineadas e pigmentos de um vermelho ocre feitos com um propósito desconhecido. A data desses artefatos é de cerca de 165 mil anos atrás. E há fósseis mais antigos ainda de conchas de mexilhão de água doce de Trinil, em Java, que foram esculpidos com linhas de uma polegada em pontas afiadas, um tipo de esboço de um bivalve. A faixa da datação aqui é muito incerta, mas eles foram entalhados entre 380 mil e 640 mil anos atrás, antecedendo outras evidências de trabalho manual intencional e não utilitário. As únicas pessoas na época em Java eram nossos primos evolucionários *Homo erectus*.

Há muitos vestígios de habilidades e comportamentos modernos de muito antes da chamada "revolução cognitiva", ocorrida há 45 mil anos. Mas são pontos esporádicos no tempo, e não permanentes, as evidências desaparecendo dos registros arqueológicos. Essa cultura material tornou-se permanente por volta de 40 mil anos atrás, com uma margem de erro de alguns milênios a mais ou a menos. Na época, os neandertais já haviam desaparecido. Há 20 mil anos, o conjunto estava completo: arte, joias, kits de tatuagem, armas que incluíam lanças, bumerangues e arpões farpados, tudo espalhado pelo mundo inteiro.

Se você pudesse ver o que eu já vi com seus olhos

Arte, trabalho manual e cultura requerem uma mente sofisticada. E também exigem linguagem para comunicar a complexidade dessas criações abstratas e seus significados a nossas famílias e ao nosso grupo social mais amplo. Não podemos saber ao certo a ordem pela qual adquirimos esses traços, e talvez nem sequer seja útil pensar nessa evolução em etapas. As mudanças foram lentas, graduais e sutis até todas as peças se encaixarem para dar origem a quem somos hoje.

Podemos pensar no progresso da aquisição da linguagem do ponto de vista de uma criança, o que é diferente do processo evolucionário, pois a estrutura necessária já se encontra pronta. Não obstante, primeiro nomeamos objetos — *leão-das-cavernas* — e depois relacionamos ação a esses objetos — *leão-das-cavernas se aproximando*. Em seguida, podemos associar atributos mais detalhados e úteis — *dois grandes leões-das--cavernas se aproximando*. Em um grupo social, transmitir esse tipo de informação é essencial, como pode ser dito dos chamados de um macaco vervet alertando os companheiros para a presença de uma águia. Você está consciente da situação, e é útil saber que outra pessoa também está — *você está ciente dos dois grandes leões-das-cavernas se aproximando?*

O LIVRO DOS HUMANOS

—, pois essa segunda pessoa pode compartilhar detalhes úteis que vão impedi-lo de desperdiçar recursos preciosos — *os dois leões-das-cavernas que se aproximam estão saciados, porque acabaram de comer o Steve.*

Imaginar a mente de outra pessoa é essencial para nosso desenvolvimento cognitivo, e a linguagem também deve fazer parte disso, pois precisamos transmitir informações complexas entre indivíduos e grupos. Quando os bebês nascem, eles quase imediatamente têm a capacidade de reconhecer rostos, com mais frequência os da mãe e do pai. O contato visual é natural para os humanos recém-nascidos. Podemos testar por quanto tempo seu olhar permanece concentrado em um objeto ou pessoa e deduzir no que ele está mais interessado. Bebês preferem olhos abertos, e durante os meses de desenvolvimento reconhecem emoções diferentes em expressões faciais: alegria, raiva, tristeza, medo, aversão. Eles também começam a expressar seu próprio estado emocional em suas expressões faciais e vozes, que vão da simples reunião de dor, fome, cansaço e medo em uma categoria — "isso não é bom" — até, com sorte, a totalidade das emoções humanas em algum ponto posterior em suas vidas. Sabemos que alguns animais podem analisar faces humanas, e talvez até alguns estados emocionais desses humanos. As ovelhas são muito boas na identificação de indivíduos. Experiências realizadas em 2017 mostraram que elas podiam ser treinadas para reconhecer facilmente rostos específicos — inclusive o de Barack Obama —, embora os pastores já saibam disso há algum tempo.* Vimos anteriormente que os inteligentes corvos da Nova Caledônia aprendiam a identificar faces que eram ameaças e faces que eram benignas, sendo capazes de memorizar essas informações por anos. Os cachorros, como qualquer pessoa que tenha um sabe, parecem muito bons na identificação do estado emocional do seu humano, e, nos testes,

---

* Ainda que essa experiência pareça tola, as ovelhas são ótimas como modelos animais para doenças neurodegenerativas terríveis, como a doença de Huntington. Em alguns desses tipos de transtornos neurológicos, os neurônios morrem e funções específicas são perdidas, entre as quais a capacidade de reconhecer os rostos das pessoas.

SE VOCÊ PUDESSE VER O QUE EU JÁ VI COM SEUS OLHOS

mudam muito mais de expressão facial quando sabem que um humano está olhando para eles.

A capacidade de análise do estado emocional de outro ser consiste na interpretação da mente. Você está tentando entender o que outra mente quer ou do que precisa. Tal capacidade é limitada quando você usa apenas dicas não verbais. Isso também limita a comunicação ao presente, o que é algo que os humanos não fazem. É claro que animais pensam à frente e se lembram do passado. Eles pensam em se alimentar e em reproduzir, bem como no sucesso de sua prole. Os pássaros e outros animais, inclusive o esquilo, pensam no futuro guardando comida para outro dia, e depois precisam se lembrar de onde colocaram suas nozes. Muitos salmões retornam ao local preciso de seu nascimento, ainda que tenham passado a maior parte da vida no oceano.

Esses feitos da memória são os mesmos que os nossos. Somos viajantes mentais extremos do tempo. Pensamos no passado, e não apenas de um modo superficial ou mecânico. Estou pensando em Steve, meu humano de 40 mil anos. Não é tão difícil imaginar seu processo de pensamento ao encontrar o leão-das-cavernas que o condenou à morte — o nosso seria basicamente o mesmo. Mas também posso tentar imaginar o que estava pensando aquele que se sentou e esculpiu o *Löwenmensch*, ou uma das estatuetas de seios avantajados da Vênus. E também podemos pensar no futuro. Não apenas em qual será a próxima refeição, mas fazer planos para o aniversário da minha mãe, em julho, ou em qual será meu próximo livro. Gosto de pensar em quais músicas quero que sejam tocadas no meu próprio funeral, e espero que quem for goste delas.

Dar saltos para o passado e para o futuro é o que proporciona nossa capacidade inata de reconhecer a mente de outro ser consciente. A consciência é um conceito com uma definição pobre e significa muitas coisas para muitas pessoas, inclusive um senso de si mesmo, percepção, uma capacidade de experimentar ou sentir, entre outras coisas. Muito já foi dito sobre a possibilidade de os animais terem ou não consciência, mas, na verdade, depende do que entendemos por consciência. É claro que os animais têm percepção e experimentam o ambiente. Muitos animais são

O LIVRO DOS HUMANOS

capazes de se reconhecer e se relacionar com a mente de outra criatura da sua espécie ou não. Teriam eles uma vida interior inefável? Poderemos estabelecer uma base neurológica para nossa própria consciência, e depois compará-la à dos animais? Essas são questões muito interessantes que exigem muito mais pesquisa — e outro livro.

Por enquanto, podemos reconhecer a consciência em outro ser humano, ainda que ela tenha uma definição pobre, e muitas vezes acreditamos identificar o mesmo em outros animais, seja isso verdade ou não. Aliás, somos tão sensíveis a outras consciências que as imaginamos em qualquer lugar. Tão condicionados estão os seres humanos a verem faces como representações de mentes que, na nossa ficção, damos personalidades a animais que estão muito distantes de qualquer definição significativa de consciência — insetos, tardígrados, caranguejos. Pareidolia é o fenômeno psicológico em que se veem rostos em objetos inanimados — Jesus em uma torrada, uma face na superfície de Marte. Nosso cérebro sabe que rostos são importantes, então reconhece o padrão de um rosto mesmo quando não pode haver uma mente por trás dele. Também estamos tão conectados a outras consciências que detectamos atividade onde não há. É muito útil atribuir atividade a situações perigosas e adaptar o comportamento de acordo. Um animal pode fazer isso por muitos meios: inúmeros animais são instantaneamente repelidos por indícios químicos da urina de um predador como a raposa ou o coiote; pássaros são enganados por espantalhos. Somos mais inteligentes do que os pássaros, mas não temos o faro dos coelhos, então recorremos aos sentidos da visão e da audição. Ao tropeçar com o corpo recém-mutilado de Steve, vale a pena pensar "Isso parece obra de um leão-das-cavernas. É melhor fugir!" do que tão somente reconhecer *Steve não parece muito bem.*

Pobre Steve. O resultado de uma mente tão conectada a outras é que, como no caso dos rostos, atribuímos uma mente a eventos desprovidos de uma. O rangido de uma tábua do assoalho quando a casa esfria à noite e a madeira contrai é assustador porque nosso cérebro tenta automaticamente detectar agência por trás do ruído em vez de usar a razão e processar o fenômeno da termodinâmica na situação. Fico relutante

SE VOCÊ PUDESSE VER O QUE EU JÁ VI COM SEUS OLHOS

em mergulhar muito nisso, pois se trata de uma área de especulação, apenas, e não particularmente científica, mas é tentador pensar que essa pode ser uma parte importante para a explicação da existência da religião. Nossa mente busca a ação de outra mente consciente em vez de se contentar com uma natureza desprovida de inteligência, seja essa consciência viva ou inanimada. Se esse condicionamento é forte a ponto de nos fazer imaginar fantasmas, não seria absurdo pensar que pode estar nele a origem dos deuses.

Por sorte, o pacote completo da nossa evolução também nos equipou com a capacidade de subjugar esse curto-circuito cognitivo e buscar a verdadeira razão por trás de acontecimentos sem uma agência óbvia. Assim como produzimos os deuses, pelo pensamento ponderado podemos também eliminá-los.

Conhece-te a ti mesmo

Outra parte desse pacote cognitivo completo é não só conhecer os outros, mas se conhecer. A identificação do próprio ser como um indivíduo dotado de agência e autodeterminação. O teste do espelho hoje é um padrão da etologia. Você é capaz de reconhecer que a imagem refletida por um espelho não é um filme ou alguém imitando seus atos, mas você mesmo? O objetivo é testar a capacidade de um organismo de exercer a autoconsciência visual. Em algumas versões do teste, pinta-se um ponto com tinta na testa do participante sem que ele saiba a fim de se ver se ele tentará tocar a própria cabeça no ponto. Desse modo, ele está reconhecendo que a marca no indivíduo no espelho está, na realidade, em sua própria cabeça. Por volta dos 2 anos, as crianças colocam as mãos no ponto na cabeça. Se você tem um filho pequeno, essa é uma experiência divertida e fácil de fazer a partir dos 6 meses.

Alguns animais também passaram nesse teste, e com louvor. Parece ser o caso dos golfinhos-nariz-de-garrafa e das orcas, mas não dos leões-marinhos. Três elefantes foram testados colocando-se uma cruz vermelha na cabeça, que não ficava visível sem um espelho. Entre os três, só um, chamado Happy, reconheceu e tentou várias vezes tocar a área com a tromba.* Dos pássaros mais inteligentes, só um pega demonstrou capacidade de reconhecer o próprio corpo no reflexo.

Pergunto-me qual é o peso dos espelhos no grande esquema da evolução cognitiva. Sem dúvida, esse teste exibe um nível de pensamento que relaciona abstração a realidade — "esse sou eu, mas, ao mesmo tempo, não sou eu". Porém, é um tipo estranho de teste a partir do qual não podemos deduzir muitas coisas. Ele testa o reconhecimento visual, quando para muitos organismos a visão não é o principal sentido. Um cachorro não se sairia melhor em um teste com um tipo de espelho do cheiro? Além disso, é o teste de um artifício. Presume-se que os animais são capazes de ver e detectar as partes do próprio corpo na total ausência de espelhos na experiência da vida. Isso os torna quantitativamente menos conscientes do que nós? Acredito que não. Os gorilas não passam, embora seja possível que os gorilas em cativeiro, com muita familiaridade com humanos, passem. Por outro lado, o contato visual geralmente é sinal de agressividade extrema nos gorilas. Portanto, talvez fazê-los passar um tempo diante da imagem de um gorila não reflita suas capacidades cognitivas. Em 1980, o psicólogo B. F. Skinner também desafiou a relevância do teste do espelho submetendo pombos a um treinamento intensivo, com a finalidade de que passassem no teste. Após alguns dias de treinamento, os pombos passaram a identificar os pontos em seu próprio corpo apenas olhando para o espelho. Eles haviam aprendido a passar no teste do espelho por um punhado de sementes.

Não estou dizendo que o teste do espelho seja inválido; no entanto, apesar de a autoconsciência ser, inegavelmente, uma faceta de uma mente com cognição elevada, há muitas outras formas de ser autoconsciente além de se apontar em um espelho. Esse teste é um tanto antropocêntrico, já que encara a capacidade de se ver no espelho como um sintoma importante de um estado mental. Os sapos passam muito tempo sentados e parados depois de caírem em um buraco úmido, mas não

---

* Como controle, pinta-se também uma cruz transparente e sem odor na cabeça do elefante, que Happy ignorou completamente.

CONHECE-TE A TI MESMO

consideramos essa capacidade de resignação um tipo referencial neuro-científico, ainda que seja muito importante para eles. Falamos sobre os tradicionais cinco sentidos, mas, na verdade, há um número muito maior. A propriocepção — a consciência do próprio corpo — é muito impor-tante aqui; outro é a interocepção — a consciência do estado corporal interno: tente ficar completamente parado (como um sapo) e contar seus batimentos cardíacos apenas sentindo-os em seu corpo. Essas também são expressões fundamentais da identificação de si mesmo como um corpo no espaço, não importa o ambiente.

A autoconsciência é essencial para se reconhecer como um ser se-parado de todo o restante. Faz parte da experiência consciente de ser humano, e também da experiência de existir em outros animais.

Je ne regrette rien

Pela experiência consciente, suportamos e apreciamos estados psico-fisiológicos que são uma marca registrada da condição humana. Ou sentimentos, como as pessoas normais os chamam. É tentador atribuir emoções a outros animais. Animais de estimação às vezes parecem alegres e felizes, ou apáticos e tristes. Um de nossos gatos, Moxie, é uma pessoa terrível: rude, indiferente, amarga e desinteressada em qualquer contato comigo, que, na prática, não passo de seu desprezível mordomo. Nosso outro gato, Looshkin, mais parece um cachorro, com um entusiasmo incansável e uma atitude em geral feliz, afetuosa e meio louca. Mas repare em todo antropomorfismo que apliquei aos dois. Na verdade, não faço ideia do que pensam em relação à sua experiência interior ou seu estado emocional. É impossível sabermos como é ser outro animal, seja um gato, morcego ou humano. Cometemos o erro de presumir que sua experiência é como a nossa e que seus estados emocionais se manifestam do mesmo modo que os nossos.

Darwin interessou-se muito por isso no século XIX, e em 1871 apresentou seus pensamentos em detalhes em um livro completo sobre o assunto. Desde então, adeptos do behaviorismo animal tentam entender emoções nos animais e racionalizá-las. Uma estratégia consiste em separar emoções básicas das mais complexas — felicidade, tristeza, aversão

O LIVRO DOS HUMANOS

e medo são emoções claras, viscerais, enquanto o ciúme, o desprezo e o arrependimento são mais complexas e cerebrais. O luto foi observado em muitos primatas e em alguns elefantes, com descrições comoventes de gorilas realizando velórios, e o exemplo de Gana, um gorila fêmea de 11 anos do Zoológico de Münster, Alemanha, que em 2008 ficou famosa depois de jornais imprimirem fotos suas carregando o corpo inerte do próprio filhote.

É preciso um coração científico desnecessariamente de pedra para não reconhecer esses exemplos como evidências circunstanciais da presença de estados emocionais complexos em animais. Mas, no fim das contas, temos como obstáculo o fato de não podermos perguntar a eles o que sentem, ou pedir que descrevam suas emoções complexas. Estamos, por outro lado, na era de técnicas neurocientíficas que podem nos ajudar a interpretar melhor os cérebros, e, com isso, fazer inferências mais científicas sobre o estado emocional de um animal. Com essas novas técnicas, estamos começando a descobrir se as experiências deles são como as nossas. Trata-se de uma área nova, mas vale a pena explorar um exemplo.

A cantora francesa Édith Piaf pode não ter se arrependido de *nada*, mas a maioria de nós tem *beaucoup* arrependimentos. O arrependimento é uma emoção específica e complexa, a decepção diante de uma decisão que não foi, pela clareza da análise em retrospecto, ideal. Muitos, como Piaf, expressam desdém pelo arrependimento sob o persistente argumento de que não adianta se censurar por ações do passado. Lady Macbeth parafraseia outro ditado francês, desta vez do século XIV,* ao declarar:

Coisas para as quais não há remédio
Não devem ser contempladas: o que está feito, está feito

Por mais admirável que seja esse sentimento, as coisas não deram muito certo para os Macbeth. Outros sugeriram que só devemos nos arrepender

---

* "*Mez quant ja est la chose fecte, ne peut pas bien estre desfecte.*" Tradução: "Mas quando uma coisa já está feita, não pode ser desfeita."

JE NE REGRETTE RIEN

de coisas que não fizemos, e jamais das que fizemos. Embora isso soe um belo ideal, não é muito prático, e é garantia de citações motivacionais irrefletidas. Estou mais de acordo com Katharine Hepburn:

Tenho muitos arrependimentos, e tenho certeza de que todos têm. Das coisas estúpidas que faz, você se arrepende... se tem algum senso, e não se arrepende delas, talvez seja estúpido.

O arrependimento é uma emoção explicitamente negativa: sentir-se decepcionado em relação a como as coisas poderiam ter sido se você tivesse agido de forma diferente no passado; sentir tristeza ou ansiedade por ter falhado em algo ou tomado uma decisão errada. Existe uma moralidade implícita ao arrependimento, no pensamento de que você poderia e deveria ter se comportado de modo diferente. "Na época, pareceu uma boa ideia" — adoro essa frase, pois ela captura a essência do arrependimento, do de curto prazo e trivial — "mais uma taça de vinho era o que faltava antes de ir para casa" — a questões de permanência e consequências.

A complexidade do pensamento consciente necessária para que essa ideia seja sentida é rica. Você precisa de dois aspectos da viagem mental no tempo. Em primeiro lugar, uma percepção do passado, um reconhecimento de que na época havia diversas opções e uma capacidade de conceber resultados imaginários dependentes de uma versão alternativa dos eventos. Também precisa de uma capacidade de imaginar um futuro diferente. No fim das contas, a função do arrependimento não é ficar se autopunindo pelos próprios erros, mas aprender com eles como uma expressão do seu livre-arbítrio: "Da próxima vez, farei diferente, e os benefícios serão maiores, ou, pelo menos, não será tão ruim." Fazemos isso o tempo todo. Como emoção, sua existência baseia-se em inúmeras qualidades humanas. E os ratos também se arrependem.

Mais uma vez, precisamos ter muito cuidado para não presumir que, quando um animal apresenta um comportamento semelhante ao nosso, é porque são comportamentos iguais. As relações sexuais violentas e

O LIVRO DOS HUMANOS

coercitivas observadas nos animais não são o mesmo que estupro — embora, como discutido anteriormente, em alguns casos a comparação seja impressionante, como no dos golfinhos e no das lontras-marinhas. Até podermos perguntar a um animal o que ele está sentindo e pensando, precisamos nos ater a um escrutínio rigoroso e evitar presumir que estão sentindo o que sentimos em situações semelhantes, em especial quando o que experimentamos é complexo. Contudo, é certo que uma experiência bem projetada pode ajudar.

Restaurant Row é uma dessas experiências. Projetada pelos psicólogos Adam Steiner e David Redish, da Universidade de Minnesota, é uma arena octogonal com quatro áreas para refeição em cantos opostos. Lembra uma praça de alimentação em um shopping center, com vários restaurantes que servem pratos de culinárias diferentes. Há diferentes opções de refeição para os ratos em Restaurant Row, incluindo banana, chocolate e cereja. Os ratos, como nós, não gostam nem um pouco de esperar por comida, e cada sabor só é disponibilizado para cada rato após uma espera cuja duração varia aleatoriamente. Há também um bipe, que decai em tom para indicar por quanto tempo eles precisam aguardar a comida — quanto mais alto o tom inicial, mais longa a espera. Os ratos entram na arena e são treinados para reconhecer o tom e a espera associada, bem como o sabor que se segue.

Na experiência, sabe-se qual é o sabor favorito entre os três de cada um dos ratos. O objetivo da experiência é submeter o rato a uma longa espera pelo sabor de sua preferência, mas dar-lhe a oportunidade de escolher outro sabor em vez de aguardar o favorito. Digamos que um rato ama cereja, e que ele sabe que precisa esperar vinte segundos pelo seu sabor favorito. Mas é uma longa espera, e o rato desiste após quinze segundos. Ele minimiza o inconveniente com a expectativa de receber um lanchinho sabor banana enquanto aguarda. Mas acontece que a espera pela banana leva mais doze segundos, o que significa que, no total, ele acaba esperando 27 segundos e recebendo um prato de que nem gosta tanto. Ele apostou por causa de sua impaciência, e perdeu. É como estar com fome no shopping e ter muita vontade de comer sushi. Mas você é

JE NE REGRETTE RIEN

impaciente e a fila para o restaurante japonês está muito longa, pois leva tempo para prepará-lo. Então, você decide mudar a aposta e opta por uma pizza, pois a fila está mais curta, e logo vê uma nova leva de sushi chegar assim que entra na fila da pizza. O sushi acaba. Você não gosta muito de pizza, e se arrepende instantaneamente da decisão.

Os ratos também se arrependem da mudança de ideia. Como sabemos disso? Eles olham para seu sabor preferido, que não receberam. Dizer que eles olharam cheios de desejo seria entrar em território das suposições antropomórficas, mas o fato é que eles viram a cabeça e olham. Em algumas situações, esperaram menos para receber uma refeição menos saborosa — a pizza ficou pronta mais rápido, ainda que você quisesse muito sushi, e você a come de qualquer maneira. O que você pode sentir nessa situação é decepção, e não arrependimento. Quando ficaram apenas decepcionados, eles não viraram a cabeça.

O mais importante, contudo, é que, ao se verem diante da mesma escolha outra vez, eles esperam. Os ratos perceberam que uma decisão impaciente foi punida, e aprenderam a ser mais conservadores em suas apostas.

Se isso ainda parece o mesmo que interpretar o comportamento de um rato como uma analogia direta com as emoções humanas, Steiner e Redish verificaram o que estava acontecendo em seus cérebros enquanto eles eram submetidos a esses cenários. O córtex orbitofrontal (COF) é uma área do nosso cérebro onde se sabe que os neurônios são ativados quando sentimos arrependimento. Foram feitos experimentos em que voluntários humanos foram submetidos a escolhas para apostas secretamente planejadas por cientistas. Depois que eles fazem suas apostas, e perdem, mostram-lhes o que eles poderiam ter ganho se tivessem feito uma escolha diferente; ou seja, os cientistas manipularam a experiência para poderem induzir o arrependimento nos participantes. Pessoas que tiveram essa parte do cérebro danificada não têm a reação esperada, relatando não terem sentido arrependimento em resposta a consequências negativas advindas de más decisões. Não é possível pedir a um rato que descreva como está se sentindo. Em vez disso, os ratos de Restaurant Row tiveram seu COF monitorado em busca de excitação quando escolhem as refeições. Células específicas ganharam vida quando pensam em cada um dos sabores, inclusive em seus favoritos. As mesmas células foram estimuladas depois de eles terem rejeitado seu sabor favorito, passado por uma espera mais longa e se virado para contemplar a oportunidade perdida. Os ratos amantes de cereja ainda estavam pensando nela quando apostaram e receberam banana.

Embora isso soe adorável, compreender os correlatos neurais das emoções humanas complexas observados nos ratos tem potencial clínico. Algumas condições psiquiátricas incluem a ausência de arrependimento ou remorso, bem como dos sentimentos relacionados, como a ansiedade, que geralmente pode contribuir para a tomada de uma decisão diferente ou melhor no futuro. Compreender o sistema que está danificado ou precisa de ajuste é o primeiro passo.

O fato de uma área cerebral estar alerta quando da expressão de arrependimento em dois mamíferos com um parentesco muito distante pode sugerir que o mecanismo adotado para que essa emoção seja experimentada é antigo. Nós e os ratos estamos separados por dezenas de milhões de anos de evolução, mas esse resultado não significa que todas as espécies entre eles e nós também expressam arrependimento de forma parecida — nós não sabemos. Outros animais precisam ser submetidos a testes semelhantes. Até lá, se o arrependimento é a emoção em nós que induz a uma mudança de comportamento quando diante da mesma situação no futuro, podemos, ao menos, ter certeza de que esses ratos se arrependem.

Ensinar a pescar...

Vimos que há poucas diferenças físicas entre uma mulher ou um homem de 100 mil anos atrás e entre você ou eu hoje. Identificamos, quase com certeza, que a linguagem é mais antiga do que o surgimento do pacote humano completo. Nosso cérebro não é consideravelmente diferente de quando começávamos a nos interessar pela arte, e, de fato, ele não parece muito diferente do cérebro daqueles artistas que eram nossos primos, os neandertais. Os sintomas da modernidade estão conosco há dezenas de milhares de anos a mais do que sua chegada propriamente dita. As evidências que foram encontradas espalhadas na Europa e na Indonésia têm cerca de 40 mil anos. Há exemplos de modernidade na África e na Austrália, alguns milênios depois de terem aparecido também na Europa. Eles tornam uma base genética para a mudança improvável, já que estão espalhados por todo o mundo, sem nenhuma interação, nenhum fluxo genético, entre os povos. Se supusermos que todos os humanos que se espalharam pelo mundo vieram da África e eram geneticamente parecidos, é improvável que tenham passado pelas mesmas mutações do DNA que conduziram ao surgimento de uma mente complexa. Se os povos do mundo no Paleolítico eram biologicamente semelhantes, a questão é: por que levou tanto tempo para se tornarem modernos quando já estavam fisicamente prontos milhares de anos atrás?

O LIVRO DOS HUMANOS

Muitas peças do quebra-cabeça continuam elusivas. Áreas de pesquisa começam a florescer, como a teoria da mente e a natureza da consciência. Há questões que repousaram em esferas filosóficas fascinantes por décadas e séculos, e agora começam a ser examinadas com as ferramentas científicas mais precisas do século XXI. Estamos nos aproximando de uma melhor compreensão dessas áreas à medida que elas começam a se fundir com a neurociência.

Há uma ideia que considero crucial, e que vem emergindo nos últimos anos, mas ainda não está sendo amplamente discutida, embora eu espere que logo comece a ser. Trata-se do fato de que o tamanho e a estrutura da população mudaram, e que, com essas mudanças, a modernidade chegou. O pacote completo formou-se em razão de como organizamos nossa sociedade.

O primeiro dos fatores que conduzem a essa teoria é o fato de que as populações parecem ter crescido mais à época do surgimento da modernidade, em vários lugares. Vemos isso na África, há 40 mil anos, e em um momento diferente na Austrália, mais de 20 mil anos atrás. Essas expansões podem estar relacionadas ao ambiente local, ou ao simples fato de que, com a mudança do clima, a vida se tornou mais fácil. Elas também podem ser uma manifestação de nossas maciças migrações. Nenhuma outra criatura deslocou-se permanentemente em um período tão curto — 20 mil anos depois de termos deixado a África, havíamos nos estabelecido na Austrália.

Também vemos o efeito oposto: uma perda de sofisticação cultural em sociedades cujas populações não crescem, migram ou são isoladas de massas maiores. Por exemplo, a Tasmânia tornou-se uma ilha por volta de 10 mil anos atrás, ao final da era do gelo, quando o nível do mar aumentou, e foi separada da Austrália continental pelo que os europeus chamaram de Estreito de Bass. Nesse isolamento, o povo indígena da Tasmânia conseguiu compor um kit de ferramentas de apenas 24 peças, e perdeu as habilidades para produzir dezenas de outras por milhares de anos no Neolítico. Os australianos aborígines do continente desenvolveram mais de 120 novas ferramentas durante o mesmo período, inclusive arpões de osso com dentes.

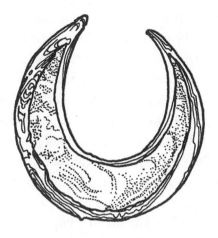

Anzol javanês

Nos registros arqueológicos tasmanianos, vemos o desaparecimento gradual de belas ferramentas de osso, a perda da habilidade de produzir roupas para o clima frio e, talvez o mais relevante, a degradação da tecnologia de pesca. Anzóis e lanças para a captura de peixes cartilaginosos desaparecem da arqueologia, assim como as evidências de espinhas de peixe (embora eles tenham continuado coletando e comendo crustáceos e moluscos sésseis). Quando os europeus chegaram no século XVII, os povos indígenas expressaram ao mesmo tempo surpresa e repulsa diante da capacidade dos colonizadores de capturar e comer peixes grandes, ainda que, 5 mil anos antes, essa fosse uma parte essencial e em ampla expansão de sua dieta e cultura.

Cientistas interessados no pacote completo desenvolveram modelos para tentar entender como a transmissão cultural de habilidades é afetada pelo tamanho e pela estrutura de uma população.* Desse modo, eles podem testar como e por que vemos as marcas do comportamento moderno irem e virem, e, eventualmente, ficarem nos registros arqueológicos. Estamos falando, com efeito, de equações que modelam

---

* Notavelmente liderada por Mark Thomas e colegas da University College London, e Joseph Henrichs, da Universidade Harvard, entre outros.

O LIVRO DOS HUMANOS

como uma ideia ou capacidade é transmitida em uma comunidade. Eles lançam mão de números hipotéticos referentes ao tamanho e à densidade de uma população, e ao nível da habilidade para uma suposta atividade especializada — talvez talhar uma ponta de flecha em pedra ou tocar flauta — e, em seguida, fazem simulações que apontam como esse nível de habilidade pode ser transferido entre as pessoas. Modelos matemáticos desse tipo são muito técnicos, mas o que fazem, na prática, é dizer: "Essas são pessoas com um conjunto de habilidades muito particular que pode ser ensinado a outras. Como o tamanho de uma população afeta a eficiência do ensino?"

A resposta parece ser "enormemente". Populações maiores permitem a transferência de habilidades culturais complexas com muito mais eficiência do que as menores. A manutenção de níveis de habilidade depende muito do tamanho da população (que também é afetado pela migração). De acordo com os modelos, populações pequenas, especialmente as isoladas, perdem habilidades por meio de uma transmissão ineficiente. Quando as populações crescem, acumulam cultura mais depressa. Só nós fazemos isso. Embora haja alguns poucos exemplos de transmissão cultural entre outros animais, fazemos isso o tempo todo.

Não acredito que a demografia seja necessariamente uma ligação óbvia com como nos tornamos quem somos, o que pode ser o motivo para ela ter sido relativamente negligenciada. Contudo, quando analisamos quem são os humanos, faz todo sentido. Somos seres sociais, o que significa que dependemos das interações com os outros para o nosso próprio bem-estar. Somos transmissores culturais, o que significa que transmitimos uma abundância de conhecimento que não está codificado no nosso DNA. Fazemos isso de forma horizontal, e não só verticalmente — ou seja, ensinamos também a indivíduos adultos, que são nossos iguais, e que podem não estar sequer geneticamente relacionados de perto. E nós somos extremamente habilidosos e criativos, mas esse conhecimento não é distribuído igualmente entre a população — algumas pessoas têm habilidades que outras não têm, e quando precisamos descobrir como fazer algo, perguntamos a um especialista.

218

ENSINAR A PESCAR...

Existe uma segunda razão pela qual isso pode não ser uma ideia tão popular quanto acho que deveria ser. Por muitos anos da infância da biologia evolucionária, os cientistas travaram debates acalorados acerca de uma questão muito fundamental para a ideia mais importante de Darwin, a seleção natural: *O que está sendo selecionado?*

Todas as possíveis respostas vêm do gene, estendendo-se ao indivíduo, à família, ao grupo maior e à espécie. Descartamos tudo isso na metade do século XX com evidências inequívocas de que a resposta é o gene. Um gene codifica um fenótipo — ou seja, a manifestação física de um pedaço de DNA —, e as diferenças nessas manifestações físicas em uma população são visíveis para a natureza como meio de selecionar o que funciona melhor. O gene que codifica esse fenótipo é o que é transmitido de geração para geração, a unidade da herança. Um gene para o processamento do leite de cabra depois do desmame foi selecionado nos humanos em detrimento de um gene que não permitia a digestão de uma bebida nutritiva. Os indivíduos não passam de portadores de genes, o que leva à necessidade de procriação simplesmente para que sua existência seja perpetuada.

Essa teoria do gene egoísta da evolução foi descoberta e desenvolvida por alguns dos titãs da biologia do século XX — Bill Hamilton, George Gaylord Simpson, Bob Trivers, entre outros —, e imortalizada em uma das maiores obras da ciência popular, *O gene egoísta*, de Richard Dawkins. Ele está correto, e hoje é um manual. O que esse novo modelo sugere é que há uma seleção para a transmissão cultural das coisas que são adaptativas, e, portanto, de maior benefício para nós, que gira em torno dos genes, e não de uma população. Nós, biólogos, somos orientados a ficar longe das ideias sobre seleção de grupo, pois elas são incorretas — os dados não se encaixam na ideia de que a evolução atua em grupos. Mas a transmissão cultural não está codificada no DNA, e, de algumas maneiras, está isenta dos mecanismos precisos aplicados na formação do óvulo e do esperma e que produzem a diferença genética em uma população — e, portanto, está sujeita à evolução darwiniana.

Dito isso, parece óbvio que a estrutura demográfica de uma sociedade é essencial para a maximização do modo como as informações e habilidades são transmitidas dentro de um grupo. Qualquer grupo de pessoas depende de uma organização interna para ser eficaz. A partir desses modelos, parece que a nossa modernidade — o pacote completo que nos faz sermos os humanos que somos hoje — depende de sermos capazes de acumular cultura, transmiti-la, e fazer isso em uma sociedade que passou a otimizar o sucesso geral de seus membros.

Esse é um território em que há muitas pesquisas sendo conduzidas atualmente. É o modelo que acredito estar certo, se vale a observação, embora ainda seja necessário muito mais trabalho. Apenas uma proporção minúscula do terreno do nosso passado foi explorada. Somente uma fração dos genes dos nossos ancestrais foi examinada. Como sempre nas ciências, as respostas nunca são completas, e desenvolvemos e aperfeiçoamos ideias, descartando dados que não se encaixam ou acumulando mais dados do mesmo tipo quando do contrário. A ideia de que a demografia foi uma engrenagem essencial na nossa ascensão é uma ideia nova.

O que é fantástico é que Darwin pensava na mesma linha um século e meio atrás. Ele escreveu em *A origem do homem e a seleção sexual*:

À medida que o homem avança em civilização, e pequenas tribos são unidas para formar comunidades maiores, a razão mais simples diria a cada indivíduo que passasse seus instintos sociais e simpatia a todos os membros da mesma nação, ainda que não os conheça pessoalmente. Entendido isso, resta somente uma barreira artificial para evitar que ele estenda sua simpatia aos homens de todas as nações e todas as raças.

O paradigma dos animais

Escrevi grande parte destas palavras em um café italiano perto de onde moro. Neste momento, é sexta-feira, acabou de anoitecer, e ele está movimentado. Sou o homem meio esquisito sentado sozinho com seu quarto café e uma pilha de livros. Dou-me conta de que os restaurantes são lugares maravilhosos para observar o pacote completo da evolução humana. Há uma escola nas proximidades, e vejo professores e pupilos daqui. É um ambiente muito familiar, e há um bebê sendo paparicado por alguém que presumo ser um dos avós, mas pode nem sequer ser um parente. As pessoas comem alimentos agrícolas cozinhados no fogo com bocas extremamente complexas, usando ferramentas de metal forjado. Um casal em um encontro provavelmente se divertirá mais se vier mais tarde. O gerente supervisiona os chefs na cozinha, que interagem com os garçons, os quais, por sua vez, interagem com os clientes. E todos estão conversando.

Na próxima vez que estiver em um café, pare por um momento para observar o que realmente está acontecendo. Cada colóquio é uma troca de informação. Toda essa dinâmica é o resultado de uma evolução biológica e cultural exclusiva desse hominídeo. Exibimos preferências e atividades sexuais diversas e por opção, ainda que semelhantes a comportamentos observados em outros animais. Separamos o sexo da reprodução com uma demarcação raramente cruzada. Levamos a tecnologia a níveis de sofisticação indistinguíveis da mágica.

Nosso cérebro cresceu e fundiu essas habilidades e comportamentos que diferem, às vezes em grau, às vezes em tipo, ainda que sejam praticamente os mesmos. Nossa mente se expandiu para além de nosso cérebro, ao menos metaforicamente, pois os seres humanos são criaturas sociais que transmitem ideias tanto através do tempo quanto do espaço, e pouquíssimos animais fazem isso com tanta eficácia. Nossa distinção mais significativa está no acúmulo e na transmissão cultural. Muitos animais aprendem. Só os humanos ensinam.

Verificamos a transmissão de ideias em algumas outras espécies: o uso de ferramentas entre as fêmeas de um cardume de golfinhos adeptos da tecnologia da Austrália; talvez, o conhecimento de quem está assustado e quem não está para um corvo da Nova Caledônia. Os exemplos são escassos. Com o tempo, descobriremos outros. Os seres humanos fazem isso o tempo todo, e têm feito há milhões de anos. Devido à natureza do meu trabalho, coloco-me diante de milhares de pessoas a cada ano para falar sobre aquilo que aprendi. Quase nenhum deles tem parentesco comigo. Acumulamos e transmitimos conhecimento. Este livro é isso — aliás, é o que todos os livros são.

Eis um segredo: não fiz nenhuma das pesquisas sobre as quais escrevi. Nunca estive na Indonésia para ver as mãos feitas com estêncil pelos nossos ancestrais; nunca estive na savana senegalesa para observar os chimpanzés patrulhando um incêndio florestal. Nunca estive em Shark Bay para ver golfinhos do gênero feminino com esponjas no bico. Espero ver algum dia. Alguns de vocês já viram, assim como alguns cientistas, que fizeram isso para satisfazer a sua curiosidade, e, de quebra, a nossa. Eles escreveram coisas e aplicaram o conhecimento acumulado em 10 mil anos para checar se estava certo, compartilhando essas ideias com outras pessoas para mais uma checagem, a fim de que os humanos pudessem aprender algo que ainda não sabiam. Li seus livros, todos os artigos científicos citados nas referências ao final do livro, e usei minha experiência lecionando e aprendendo para processar essas ideias e ten-

O PARADIGMA DOS ANIMAIS

tar sintetizá-las em algo novo e cujo todo é maior do que as partes. Eu as escrevi, e meus editores e dois cientistas usaram suas habilidades e experiência para questionar minhas palavras e ideias, bem como moldar sua apresentação de modo a facilitar o entendimento. Os designers e diagramadores reuniram tudo, e Alice Roberts usou seus conhecimentos e habilidades com caneta e tinta para desenhar belas imagens. E, juntos, fizemos isto que você agora segura, por nenhuma outra razão além de compartilhar ideias.

Cada jornada de cada ser humano é percorrida sobre milhares de anos de conhecimentos acumulados, tendo como base bilhões de anos de evolução. Nossa cultura faz parte da nossa evolução biológica, e é errado tentar separá-las. Nossa mente se desenvolveu porque era algo vantajoso e apropriado a se fazer, e a seleção das nossas faculdades cognitivas e nossa mente só são importantes no contexto em que elas se desenvolveram. As mutações genéticas que sofremos forneceram a mudança fisiológica que estabeleceu o modelo para a fala, bem como a capacidade de processamento necessária para permitir que a fala se desenvolvesse em uma comunicação complexa. Isso ajudou a elevar nossos processos de pensamento para que uma mente dotada de uma consciência semelhante à que temos hoje pudesse se expandir a partir da necessidade de prever os pensamentos de outra mente. Nada disso aconteceu de repente, não houve uma centelha, não houve um só agente a partir do qual essa cadeia foi desencadeada. Nossa mente se desenvolveu, e, como sabemos, a evolução é lenta, caótica e confusa. Uma mente capaz de viajar no tempo e ler outras mentes, a fala, a destreza, o prazer com o sexo, tudo isso é o resultado de um contínuo irregular, propriedades emergentes garantidas pela força da evolução.

Um organismo vivo é um sistema integrado. Embora a fusão aparentemente catastrófica de dois cromossomos no fim das contas tenha conduzido à estrutura improvável do genoma humano, não houve uma única mudança genética que nos tornou *Homo sapiens*. Tomemos como exemplo uma máquina como o carro: ele não se tornou um carro com a adição de uma caixa de marcha, ou do volante, ou de qualquer peça específica. São todas as partes juntas que fazem um carro, algumas essenciais, outras menos, mas nenhuma definitiva. Um indivíduo pode perder um membro em um acidente de carro, ou ter um cromossomo extra, mas continuará sendo um humano. Somos muito mais complicados do que um automóvel, apesar de o número de genes que temos ser mais ou menos o mesmo número de peças de um automóvel. Cada vez mais, descobrimos que os genes fazem muitas coisas. Não existe um gene para a fala, ainda que o *FOXP2* seja, claramente, essencial. Não existe um gene para a criatividade, a imaginação, o arremesso de lança, a destreza, a consciência, nem sequer a transmissão cultural. Não houve um momento em que não éramos *Homo sapiens* e no momento seguinte passamos a ser por causa de uma mutação genética. Nossos genes são únicos, exclusividade nossa, e fornecem a estrutura desenvolvida que permitiu o surgimento da humanidade.

Nas culturas cristãs, falamos sobre a queda do homem, em que a raça humana foi maculada por ter quebrado as algemas da criação. Não gosto muito dessa história. Se houve uma queda, foi para cima, lenta e incremental, e para longe da brutalidade rude da natureza. O Senhor sabe que há muita maldade nos humanos, e embora na maioria das vezes rejeitemos os impulsos primais que provavelmente herdamos de bilhões de anos de uma evolução indiferente, os números estão do lado dos anjos de Hamlet. Nós quase nunca assassinamos, quase nunca estupramos, nós criamos e ensinamos o tempo todo, e aprendemos quase na mesma medida.

O quadro de como nos tornamos quem somos só ficará mais complicado à medida que fizermos mais descobertas. Suspeito que logo encontraremos mais espécies contemporâneas de humanos que viveram ao nosso lado nos últimos 300 mil anos, bem como mais humanos que reproduziram conosco nesse período. Devemos ficar felizes com essa complexidade e celebrar o fato de que só nós somos capazes de compreendê-la.

O PARADIGMA DOS ANIMAIS

A evolução é cega e progresso evolucionário é um termo errôneo; a seleção natural molda e seleciona de acordo com o *status quo* em constante mutação. Assim como todos os seres vivos, lutamos pela existência, mas também tentamos aliviar o esforço dos outros.

> Devemos, contudo, reconhecer, como me parece, esse homem com todas as suas qualidades nobres, com a compaixão que sente pelos mais humildes, com a benevolência que estende não apenas aos outros homens, mas às criaturas mais simples, com seu intelecto divino, que penetrou nos movimentos e na constituição do sistema solar.

Charles Robert Darwin escreveu isso em 1871. Ele é meu herói, não importa como isso seja interpretado, e embora estivesse completamente certo a respeito de algumas das ideias mais importantes que qualquer um já teve, como todos os cientistas, ele estava errado em relação a outras. Darwin estava certo no tocante ao caminho evolucionário dos seres humanos, e, por outro lado, estava terrivelmente errado sobre a evolução das mulheres, que acreditava serem intelectualmente inferiores aos homens. Ao menos, parte de seu legado incomparável é que hoje sabemos que isso está incorreto.

Não obstante, com o uso da palavra "homem" para representar "humano", Darwin conclui *A origem do homem e a seleção sexual* escrevendo: "Com todos esses poderes exaltados — o Homem ainda carrega em sua estrutura corpórea a mesma marca indelével de suas humildes origens."

Nossos genes e nosso corpo não são fundamentalmente diferentes daqueles de nossos primos mais próximos, ancestrais, ou sequer de nossos parentes mais distantes. Quanto a origens humildes, isso é uma questão de julgamento. Somos criaturas da evolução, forjadas, moldadas e entalhadas a partir de forças que estão fora de nosso controle, como todos os seres vivos. Com essas forças como base, pegamos a obra da evolução, e, pelo ensino, criamos a nós mesmos, animais que, juntos, nos tornamos mais do que a soma das partes.

O LIVRO DOS HUMANOS

Relembremos o naturalista alienígena que veio à Terra para nos estudar. No romance de Carl Sagan, *Contato*, uma inteligência alienígena fictícia analisa a humanidade — na verdade, ela vinha nos observando havia milhares de anos. Nessa história, enviamos uma cientista seguindo suas instruções, e, ao encontrá-la, o alienígena fala:

Vocês são uma espécie interessante. Uma mistura interessante. São capazes de sonhos tão belos, e de pesadelos tão horríveis. Sentem-se tão perdidos, tão isolados, tão sós, mesmo não estando. Veja bem, em toda a nossa busca, a única coisa que encontramos que torna o nosso vazio suportável é o outro.

A vida é contínua na Terra, com uma infinidade de formas belíssimas. Aplicamos classificações discretas a esse contínuo para nos ajudarem a entender um planeta que fervilha com vida há uma eternidade. E você tem seu lugar nessa trajetória, um ser único tentando entender seu papel em tudo isso. Não há uma dedicação no início deste livro. Ele é dedicado a você.

Assine seu nome abaixo e siga a ordem inversa:

Você é: _____
Você é um *Homo sapiens*
Você é um hominídeo
Você é um símio
Você é um primata
Você é um mamífero
Você tem coluna vertebral
Você é um animal
Nós somos o paradigma dos animais.

AGRADECIMENTOS

Todos os seguintes humanos contribuíram de alguma forma para as ideias sobre as quais escrevi nestas páginas, e sou muito grato a todos, mesmo aos que não existem: Alex Garland, Andrew Mueller, Aoife McLysaght, Beatrice Rutherford, Ben Garrod, Caroline Dodds Pennock, Cass Sheppard, Cat Hobaiter, os Celeriacs, David Spiegelhalter, Elspeth Merry Price, Francesca Stavrakopoulou, Hannah Fry, Helen Lewis, Henry Marsh, Ieuan Thomas, James Shapiro, Jennifer Raff, John Ottaway, Jon Payne, Kate Fox, Lynsey Mathew, Mark Thomas, Michelle Martin, Nathan Bateman, OAs Elite Coaching Crew, Rachel Harrison, Robbie Murray, Rufus Hound, Sarah Phelps, Simon Fisher, Stephen Keeler e Tom Piper. E Georgia Rutherford, que é a melhor de nós.

Um agradecimento especial à extremamente talentosa Alice Roberts, pelas mãos evoluidíssimas e por ter me guiado. A Matthew Cobb, cuja edição é uma alegria de se ver. A Will Francis, pela nossa jornada ainda em desdobramento, e, acima de tudo, a Jenny Lord e Holly Harley, dois dos seres humanos mais atenciosos, divertidos e brilhantes para se compartilhar ideias e criar histórias.

REFERÊNCIAS BIBLIOGRÁFICAS

Douglas Adams, *The Salmon of Doubt* (William Heinemann, 2002). [Edição brasileira: *O salmão da dúvida* (Arqueiro, 2014).]

Anil Aggrawal, "A new classification of necrophilia", *Journal of Forensic and Legal Medicine* 16(6): 316-20 (agosto de 2009).

Biancamaria Aranguren et al., "Wooden tools and fire technology in the early Neanderthal site of Poggetti Vecchi (Italy)", *PNAS* 115(9): 2054-9 (27 de fevereiro de 2018).

M. Aubert et al., "Pleistocene cave art from Sulawesi, Indonesia", *Nature* 514: 223-7 (8 de outubro de 2014).

Jeffrey A. Bailey et al., "Genome recent segmental duplications in the human", *Science* 297(5583): 1003-7 (9 de agosto de 2002).

Francesco Berna et al., "Microstratigraphic evidence of in situ fire in the Acheulean strata of Wonderwerk Cave, Northern Cape province, South Africa", *PNAS* 109(20): E1215—E1220 (15 de maio de 2012).

Os Incríveis, roteiro e direção de Brad Bird, Pixar Studios, 2004.

Damián E. Blasi et al., "Sound-meaning association biases evidenced across thousands of languages", *PNAS* 113(39): 10818-23 (27 de setembro de 2016).

Mark Bonta et al., "Intentional fire-spreading by 'firehawk' raptors in northern Australia", *Journal of Ethnobiology* 37(4): 700-718 (dezembro de 2017).

D. H. Brown, "Further observations on the pilot whale in captivity", *Zoologica* 47(1): 59-64.

Osvaldo Cair, "External measures of cognition", *Frontiers in Human Neuroscience* 5: 108 (4 de outubro de 2011).

Nathalie Camille et al., "The involvement of the orbitofrontal cortex in the experience of regret", *Science* 304(5674): 1167-70 (21 de maio de 2004).

Andrea Camperio Ciani e Elena Pellizzari, "Fecundity of paternal and maternal non-parental female relatives of homosexual and heterosexual men", *PLoS ONE* 7(12): e51088 (5 de dezembro de 2012).

Ignacio H. Chapela et al., "Evolutionary history of the symbiosis between fungus-growing ants and their fungi", *Science* 266(5191): 1691-4 (9 de dezembro de 1994).

Nicola S. Clayton et al., "Can animals recall the past and plan for the future?", *Nature Reviews Neuroscience* 4: 685-91 (1º de agosto de 2003).

Malcolm J. Coe, "'Necking' behaviour in the giraffe", *Journal of Zoology* 151(3): 313-21 (março de 1967).

R. C. Connor et al., "Two levels of alliance formation among male bottlenose dolphins (*Tursiops* sp.)", *PNAS* 89(3): 987-90 (1º de fevereiro de 1992).

G. Cornelis et al., "Retroviral envelope *syncytin* capture in an ancestrally diverged mammalian clade for placentation in the primitive Afrotherian tenrecs", *PNAS* 111(41): e4332—E4341 (14 de outubro de 2014).

M. Dannemann e J. Kelso, "The contribution of Neanderthals to phenotypic variation in modern humans", *American Journal of Human Genetics* 101(4): 578-89 (5 de outubro de 2017).

Charles R. Darwin, *The Descent of Man, and Selection in Relation to Sex* (John Murray, 1871). [Edição brasileira: *A origem do homem e a seleção sexual* (Hemus, 2002).]

REFERÊNCIAS BIBLIOGRÁFICAS

R. D'Anastasio et al., "Micro-biomechanics of the Kebara 2 hyoid and its implications for speech in Neanderthals", *PLoS ONE* 8(12): e82261 (18 de dezembro de 2013).

Gypsyamber D'Souza et al., "Differences in oral sexual behaviors by gender, age, and race explain observed differences in prevalence of oral human papillomavirus infection", *PLoS ONE* 9(1): e86023 (24 de janeiro de 2014).

Robert O. Deaner et al., "Monkeys pay per view: Adaptive valuation of social images by rhesus macaques", *Current Biology* 15: 543-8 (29 de março de 2005).

Robert O. Deaner et al., "Overall brain size, and not encephalization quotient, best predicts cognitive ability across non-human primates", *Brain, Behaviour and Evolution* 70: 115-24 (18 de maio de 2007).

Volker B. Deecke, "Tool-use in the brown bear (*Ursus arctos*)", *Animal Cognition* 15(4): 725-30 (julho de 2012).

Megan Y. Dennis et al., "Evolution of human-specific neural SRGAP2 genes by incomplete segmental duplication", *Cell* 149(4): 912-22 (11 de maio de 2012).

Dale G. Dunn et al., "Evidence for infanticide in bottlenose dolphins of the Western North Atlantic", *Journal of Wildlife Diseases* 38(3): 505--10 (julho de 2002).

Nathan J. Emery, "Cognitive ornithology: The evolution of avian intelligence", *Philosophical Transactions of the Royal Society B* 361(1465): 23-43 (29 de janeiro de 2006).

Karin Enstam Jaffe e L. A. Isbell, "After the fire: Benefits of reduced ground cover for vervet monkeys (*Cercopithecus aethiops*)", *American Journal of Primatology* 71(3): 252-60 (março de 2009).

Robert Epstein et al., "'Self-Awareness' in the pigeon", *Science* 212(4495): 695-6 (8 de maio de 1981).

C. Esnault, G. Cornelis, O. Heidmann e T. Heidmann, "Differential evolutionary fate of an ancestral primate endogenous retrovirus envelope gene, the EnvV *syncytin*, captured for a function in placentation", *PLoS Genetics* 9(3): e1003400 (28 de março de 2013).

O LIVRO DOS HUMANOS

Ian T. Fiddes et al., "Human-specific NOTCH2NL genes affect notch signalling and cortical neurogenesis", *Cell* 173(6): 1356-69.e22 (31 de maio de 2018).

Simon E. Fisher e Sonja C. Vernes, "Genetics and the language sciences", *Annual Review of Linguistics* 1: 289-310 (janeiro de 2015).

Emma A. Foster et al., "Adaptive prolonged postreproductive life span in killer whales", *Science* 337(6100): 1313 (14 de setembro de 2012).

Masaki Fujita et al., "Advanced maritime adaptation in the western Pacific coastal region extends back to 35,000-30,000 years before present", *PNAS* 113(40): 11184-89 (outubro de 2016).

Cornelia Geßner et al., "Male—female relatedness at specific SNP-linkage groups influences cryptic female choice in Chinook salmon (*Oncorhynchus tshawytscha*)", *Proceedings of the Royal Society B* 284(1859) (26 de julho de 2017).

J. Goodall, *The Chimpanzees of Gombe: Patterns of Behavior* (Belknap Press, 1986).

Kirsty E. Graham et al., "Bonobo and chimpanzee gestures overlap extensively in meaning", *PLoS Biology* 16(2): e2004825 (27 de fevereiro de 2018).

Kristine L. Grayson et al., "Behavioral and physiological female responses to male sex ratio bias in a pond-breeding amphibian", *Frontiers in Zoology* 9(1): 24 (18 de setembro de 2012).

Daniele Guerzoni e Aoife McLysaght, "*De novo* origins of human genes", *PLoS Genetics* 7(11): e1002381 (novembro de 2011).

Michael D. Gumert e Suchinda Malaivijitnond, "Long-tailed macaques select mass of stone tools according to food type", *Philosophical Transactions of the Royal Society B* 368(1630): 20120413 (17 de outubro de 2013).

Chang S. Han e Piotr G. Jablonski, "Male water striders attract predators to intimidate females into copulation", *Nature Communications* 1, artigo número 52 (10 de agosto de 2010).

REFERÊNCIAS BIBLIOGRÁFICAS

Sonia Harmand et al., "3.3-million-year-old stone tools from Lomekwi 3, West Turkana, Kenya", *Nature* 521 (7552): 310-15 (20 de maio de 2015).

Heather S. Harris et al., "Lesions and behavior associated with forced copulation of juvenile Pacific harbor seals (*Phoca vitulina richardsi*) by southern sea otters (*Enhydra lutris nereis*)", *Aquatic Mammals* 36(4): 331-41 (29 de novembro de 2010).

B. J. Hart et al., "Cognitive behaviour in Asian elephants: Use and modification of branches for fly switching", *Animal Behaviour* 62(5): 839-47 (novembro de 2001).

Joseph Henrich, "Demography and cultural evolution: How adaptive cultural processes can produce maladaptive losses: the Tasmanian case", *American Antiquity* 69(2): 197-214 (abril de 2004).

C. S. Henshilwood et al., "Emergence of modern human behavior: Middle Stone Age engravings from South Africa", *Science* 295(5558): 1278-80 (15 de fevereiro de 2002).

Christopher Henshilwood et al., "Middle Stone Age shell beads from South Africa", *Science* 304(5669): 404 (16 de abril de 2004).

Thomas Higham et al., "Testing models for the beginnings of the Aurignacian and the advent of figurative art and music: The radiocarbon chronology of Geißenklösterle", *Journal of Human Evolution* 62(6): 664-76 (junho de 2012).

Catherine Hobaiter e Richard W. Byrne, "Able-bodied wild chimpanzees imitate a motor procedure used by a disabled individual to overcome handicap", *PLoS ONE* 5(8): e11959 (5 de agosto de 2010).

D. L. Hoffmann et al., "U-Th dating of carbonate crusts reveals Neanderthal origin of Iberian cave art", *Science* 359(6378): 912-15 (23 de fevereiro de 2018).

S. Ishiyama e M. Brecht, "Neural correlates of ticklishness in the rat somatosensory cortex", *Science* 354(6313): 757-60 (11 de novembro de 2016).

Josephine C. A. Joordens, "*Homo erectus* at Trinil on Java used shells for tool production and engraving", *Nature* 518: 228-31 (12 de fevereiro de 2015).

Hákon Jónsson et al., "Speciation with gene flow in equids despite extensive chromosomal plasticity", *PNAS* 111(52): 18655-60 (30 de dezembro de 2014).

Juliane Kaminski et al., "Human attention affects facial expressions in domestic dogs", *Scientific Reports* 7: 12914 (19 de outubro de 2017).

Dean G. Kilpatrick et al., "Drug-facilitated, Incapacitated, and Forcible Rape: A National Study", National Crime Victims Research & Treatment Center, report for the US Department of Justice (2007).

Michael Krützen et al., "Contrasting relatedness patterns in bottlenose dolphins (*Tursiops* sp.) with different alliance strategies", *Proceedings of the Royal Society B* 270(1514) (7 de março de 2003).

Michael Krützen et al., "Cultural transmission of tool use in bottlenose dolphins", *PNAS* 102(25): 8939-43 (21 de junho de 2005).

M. Mirazón Lahr et al., "Inter-group violence among early Holocene hunter-gatherers of West Turkana, Kenya", *Nature* 529: 394-8 (21 de janeiro de 2016).

Greger Larson et al., "Worldwide phylogeography of wild boar reveals multiple centers of pig domestication", *Science* 307(5715): 1618-21 (11 de março de 2005).

David J. Linden, *The Compass of Pleasure: How Our Brains Make Fatty Foods, Orgasm, Exercise, Marijuana, Generosity, Vodka, Learning, and Gambling Feel So Good* (Penguin, 2011). [Edição brasileira: *A origem do prazer: Como nosso cérebro transforma nossos vícios (e virtudes) em experiências prazerosas* (Elsevier, 2011).]

Mark Lipson et al., "Population turnover in remote Oceania shortly after initial settlement", *Current Biology* 28(7): 1157-65 (7 de abril de 2018).

C. W. Marean et al., "Early human use of marine resources and pigment in South Africa during the Middle Pleistocene", *Nature* 449: 905-8 (18 de outubro de 2007).

REFERÊNCIAS BIBLIOGRÁFICAS

S. McBrearty e A. S. Brooks, "The revolution that wasn't: A new interpretation of the origin of modern human behavior", *Journal of Human Evolution* 39(5): 453-63 (novembro de 2000).

Aoife McLysaght e Laurence D. Hurst, "Open questions in the study of *de novo* genes: What, how and why", *Nature Reviews Genetics*, 17: 567-78 (25 de julho de 2016).

John C. Mitani et al., "Lethal intergroup aggression leads to territorial expansion in wild chimpanzees", *Current Biology* 20(12): R507—R508 (22 de junho de 2010).

Smita Nair et al., "Vocalizations of wild Asian elephants (*Elephas maximus*): Structural classification and social context", *Journal of the Acoustical Society of America* 126(5): 2768 (novembro de 2009).

James Neill, *The Origins and Role of Same-Sex Relations in Human Societies* (McFarland & Co., 2011).

Hitonaru Nishie e Michio Nakamura, "A newborn infant chimpanzee snatched and cannibalized immediately after birth: Implications for 'maternity leave' in wild chimpanzee", *American Journal of Physical Anthropology* 165: 194-9 (janeiro de 2018).

Sue O'Connor et al., "Fishing in life and death: Pleistocene fish-hooks from a burial context on Alor Island, Indonesia", *Antiquity* 91(360): 1451-68 (6 de dezembro de 2017).

H. Freyja Ólafsdóttir et al., "Hippocampal place cells construct reward related sequences through unexplored space", *Elife* 4: e06063 (26 de junho de 2015).

Seweryn Olkowicz et al., "Birds have primate-like numbers of neurons in the forebrain", *PNAS* 113(26): 7255-60 (28 de junho de 2016).

C. Organ et al., "Phylogenetic rate shifts in feeding time during the evolution of *Homo*", PNAS 108(35): 14555-9 (30 de agosto de 2011).

A. Powell, S. Shennan e M. G. Thomas, "Late Pleistocene demography and the appearance of modern human behavior", *Science* 324(5932): 1298-1301 (5 de junho de 2009).

Shyam Prabhakar, "Accelerated evolution of conserved noncoding sequences in humans", *Science* 314(5800): 786 (3 de novembro de 2006).

O LIVRO DOS HUMANOS

Shyam Prabhakar et al., "Human-specific gain of function in a developmental enhancer", Science 321(5894): 1346-50 (5 de setembro de 2008).

D. M. Pratt e V. H. Anderson, "Population, distribution and behavior of giraffe in the Arusha National Park, Tanzania", *Journal of Natural History* 16(4): 481-9 (1982).

———, "Giraffe social behavior", *Journal of Natural History* 19(4): 771--81 (1985).

Helmut Prior et al., "Mirror-induced behavior in the magpie (*Pica pica*): Evidence of self-recognition", *PLoS Biology* 6(8): e202 (19 de agosto de 2008).

Jill D. Pruetz et al., "Savanna chimpanzees, *Pan troglodytes verus*, hunt with tools", *Current Biology* 17(5): 412-17 (6 de março de 2007).

Jill D. Pruetz e Nicole M. Herzog, "Savanna chimpanzees at Fongoli, Senegal, navigate a fire landscape", *Current Anthropology* 58(S16): S337—S350 (agosto de 2017).

Jill D. Pruetz e Thomas C. LaDuke, "Reaction to fire by savanna chimpanzees (*Pan troglodytes verus*) at Fongoli, Senegal: Conceptualization of 'fire behavior' and the case for a chimpanzee model", *American Journal of Physical Anthropology* 141(14): 646-50 (abril de 2010).

Kay Prüfer et al., "The bonobo genome compared with the chimpanzee and human genomes", *Nature* 486: 527-31 (28 de junho de 2012).

Anita Quiles et al., "A high-precision chronological model for the decorated Upper Paleolithic cave of Chauvet-Pont d'Arc, Ardèche, France", *PNAS* 113(17): 4670-75 (26 de abril de 2016).

Joaquín Rodríguez-Vidal et al., "A rock engraving made by Neanderthals in Gibraltar", *PNAS* 111(37): 13301-6 (16 de setembro de 2014).

Douglas G. D. Russell et al., "Dr. George Murray Levick (1876-1956): Unpublished notes on the sexual habits of the Adélie penguin", *Polar Record* 48(4): 387-93 (janeiro de 2012).

REFERÊNCIAS BIBLIOGRÁFICAS

Anne E. Russon et al., "Orangutan fish eating, primate aquatic fauna eating, and their implications for the origins of ancestral hominin fish eating", *Journal of Human Evolution* 77: 50-63 (dezembro de 2014).

Graeme D. Ruxton e Martin Stevens, "The evolutionary ecology of decorating behaviour", *Biology Letters* 11(6) (3 de junho de 2015).

Angela Saini, *Inferior: How Science Got Women Wrong* (Fourth Estate, 2017).

Ivan Sazima, "Corpse bride irresistible: A dead female tegu lizard (*Salvator merianae*) courted by males for two days at an urban park in south-eastern Brazil", *Herpetology Notes* 8: 15-18 (25 de janeiro de 2015).

Y. Schnytzer et al., "Boxer crabs induce asexual reproduction of their associated sea anemones by splitting and intraspecific theft", *PeerJ* 5: e2954 (31 de janeiro de 2017).

Helmut Schmitz e Herbert Bousack, "Modelling a historic oil-tank fire allows an estimation of the sensitivity of the infrared receptors in pyrophilous *Melanophila* beetles", *PLoS ONE* 7(5): e37627 (21 de maio de 2012).

Erin M. Scott et al., "Aggression in bottlenose dolphins: Evidence for sexual coercion, male—male competition, and female tolerance through analysis of tooth-rake marks and behaviour", *Behaviour* 142(1): 21-44 (janeiro de 2005).

Agnieszka Sergiel et al., "Fellatio in captive brown bears: Evidence of long-term effects of suckling deprivation?", *Zoo Biology* 9999: 1-4 (4 de junho de 2014).

William Shakespeare, *The Tragedy of Hamlet, Prince of Denmark* (Folio 1, 1623). [Edição brasileira: *Hamlet* (L&PM, 2007).]

Michael Sporny et al., "Structural history of human SRGAP2 proteins", *Molecular Biology and Evolution* 34(6): 1463-78 (1º de junho de 2017).

James J. H. St Clair et al., "Hook innovation boosts foraging efficiency in tool-using crows", *Nature Ecology & Evolution* 2: 441-4 (22 de janeiro de 2018).

O LIVRO DOS HUMANOS

A. P. Steiner e A. D. Redish, "Behavioral and neurophysiological correlates of regret in rat decision-making on a neuroeconomic task", *Nature Neuroscience* 17(7): 995-1002 (8 de junho de 2014).

Peter H. Sudmant, "Diversity of human copy number variation and multicopy genes", *Science* 330(6004): 641-6 (29 de outubro de 2010).

Hiroyuki Takemoto et al., "How did bonobos come to range south of the Congo River? Reconsideration of the divergence of Pan paniscus from other Pan populations", *Evolutionary Anthropology* 24(5): 170--84 (setembro de 2015).

Min Tan et al., "Fellatio by fruit bats prolongs copulation time", *PLoS ONE* 4(10): e7595 (28 de outubro de 2009).

Alex H. Taylor et al., "Spontaneous metatool use by New Caledonian crows", *Current Biology* 17(17): 1504-7 (4 de setembro de 2007).

Randy Thornhill e Craig T. Palmer, *A Natural History of Rape: Biological Bases of Sexual Coercion*, (The MIT Press, 2000).

K. Trinajstic et al., "Pelvic and reproductive structures in placoderms (stem gnathostomes)", *Biological Reviews* 90(2): 467-501 (maio de 2015).

Faraneh Vargha-Khadem et al., "Praxic and nonverbal cognitive deficits in a large family with a genetically transmitted speech and language disorder", *PNAS* 92(3): 930-33 (31 de janeiro de 1995).

Sonja C. Vernes et al., "A functional genetic link between distinct developmental language disorders", *New England Journal of Medicine* 359: 2337-45 (27 de novembro de 2008).

Elisabetta Visalberghi et al., "Selection of effective stone tools by wild bearded capuchin monkeys", *Current Biology* 19(3): 213-17 (10 de fevereiro de 2009).

Jane M. Waterman, "The adaptive function of masturbation in a promiscuous African ground squirrel", *PLoS ONE* 5(9): e13060 (28 de setembro de 2010).

Randall White, "The women of Brassempouy: A century of research and interpretation", *Journal of Archaeological Method and Theory* 13(4): 250-303 (dezembro de 2006).

REFERÊNCIAS BIBLIOGRÁFICAS

Martin Wikelski e Silke Bäurle, "Pre-copulatory ejaculation solves time constraints during copulations in marine iguanas", *Proceedings of the Royal Society B* 263: 1369 (2 de abril de 1996).

Michael L. Wilson et al., "Lethal aggression in *Pan* is better explained by adaptive strategies than human impacts", *Nature* 513: 414-17 (18 de setembro de 2014).

Zhaoyu Zhu et al., "Hominin occupation of the Chinese Loess Plateau since about 2.1 million years ago", *Nature* (11 de julho de 2018), https://doi.org/10.1038/s41586-018-0299-4.

ÍNDICE

Os números das páginas das ilustrações estão indicados em *itálico*.

abelhas 44, 95, 99, 128, 185

Aborígines 64-67

acentuadores (HACNS1) 166-167

Adams, Douglas 27

África 11, 12, 15, 30, 33, 53, 59, 215

África do Sul 33, 53, 59, 90, 197

agricultura 78-81

agricultura 78-87

água-viva 193

Alemanha 194, 210

algas 98

ameias, do cérebro 39

amplex (luta corpo a corpo) 138

andorinhas-de-bando 100

anêmonas 69

angiospermas 98, 102

anomalias cromossômicas 155, 172

antibióticos 81, 105

antílopes 105

aparência física 81

aparência física 81

apraxia da fala 169

aranha-das-costas-vermelhas 100

araras 51

Aristóteles 40

armas 69-71

arqueias (micróbios) 101

Arquipélago de Bismarck 179

arrependimento 213-214

arte 13-14, 19, 20, 58, 59, 107, 190, 191, 194-197, 199, 215

arte rupestre 196-197, 199, 215

artefatos culturais 12, 195, 197

árvores da linguagem 178

Ásia central 15

astrofísica 17

audição 202

Austrália 47, 64, 66, 67, 141, 195, 215, 216, 222

Australopiteco 32

O LIVRO DOS HUMANOS

autoconsciência 205-207
autoerotismo 102, 111
autofelação 107
aves de rapina 52, 64, 67
aves de rapina 52, 64, 67
avestruzes 52

bactérias 10, 81, 101
baiji 141
baleias
  azuis 39
  cachalotes 39
  comunicação e 187
  "esgrima peniana" 98-99
  orca 205
  piloto 39, 42, 129, 133
batom 83
behaviorismo animal 209
beija-flor de helena 52
bicos 47, 64
biologia, quatro pilares 11
biólogos 219
bipartição 101
bípedes 44, 167
Blombos, caverna, África do Sul 53, 197
bocas 61, 221
bonobos 75, 99, 112-119, 155, 184
borboletas 95
borrelho-ruivo 82
Brown, Louise 93
bullying 139
búzios 53

cabeças de machado 31, 34
cabeças, na arte 194
cabras 80, 107, 125, 193
cachorros 97, 200

cães-da-pradaria 184
camuflagem 83
camundongos 99, 105, 111, 114, 121, 125, 160, 167, 172, 211
"canibalismo reprodutivo" 100
caranguejos 70, 83
carneiros 127
cavalos-marinhos 82
célula glial (célula do sistema nervoso) 159
células 11, 16, 21, 39, 41, 42, 47, 57, 163, 170, 214
cérebro 39-41, 222
  acentuador 170
  ameias 39
  células 39, 156, 214
  córtex cerebral 39
  córtex orbitofrontal (COF) 213
  das fêmeas 81
  densidade 39,41
  desenvolvimento 172
  e massa corporal 40, 42, 63
  tamanho 42, 51, 55, 90, 135, 160
"cérebro de passarinho", uso 55
cetáceos 46, 47, 49, 52, 104, 106, 140, 185
"Charlie" (chimpanzé) 74
Chauvet-Pont-d'Arc, caverna, França 191
chimpanzés
  comportamento 39, 44, 49, 50, 76, 84, 89
  cromossomos 156
  cruza 138
  e bonobos 119, 148
  fertilidade 116, 125
  fogo e 62
  Fongoli 70
  FOXP2 (gene) 186
  gestos simbólicos 183, 185
  infanticídio 142

ÍNDICE

moda 78, 84, 86, 87, 147, 148
Ngogo 74
pigmeus 112
chitas 142
Chomsky, Noam 175
ciclo menstrual 116
ciência, natureza da 17
cipó 86
Clacton, Essex 35
classes de animais 43
classificação, organismos 155
clitóris 112, 125
CNTNAP2 (gene) 171
cobras 133
coçar, em animais 86-87
coelhos 202
cogumelos 96
coiotes 202
coleta 53-54, 61
comunicação 19, 201
comunidades 23, 79, 220
condições psiquiátricas 214
conflito 70-71
Congo, rio 112, 115
consciência 207
Contato (Sagan) 226
contracepção 94
coordenação motora fina 175
Copérnico, Nicolau 17
cores primárias 19
córtex cerebral 39
córtex orbitofrontal (COF) 213
corvídeos 54-55
corvos 52
corvos 52, 53-55, 200
cozimento 60
Croácia 109

crocodilos 96
cromossomos 95, 96, 151, 155, 156, 163
cunilíngua 107

Darwin, Charles 9, 10, 49, 58, 64, 121
  Origem das espécies, A 18, 120
  Origem do homem e a seleção sexual, A
    18, 40, 69, 147, 220, 225
"David Greybeard" (chimpanzé) 44
Dawkins, Richard 219
dendritos 159, 160, 175
denisovanos 16, 90, 156, 166, 187, 189
Dennett, Daniel 21
dentes 58
destreza 38, 42, 46, 56, 87, 104, 167, 223
determinação do sexo 97
dieta 48, 217
diferenças políticas 72
digestão 59
dinossauros 51, 55, 60, 90, 149
distúrbios da fala 171
DNA (ácido desoxirribonucleico) 156-158,
    160-162
  composição 10
  hominídeos 114
  homossexualidade 118, 126
  Neandertal 16, 196
doenças sexualmente transmissíveis 105,
    108
Down, síndrome 155
dragões-de-Komodo 102
Dunkleosteus (peixe) 92
duplicações cromossômicas 158

El Castillo, caverna, Espanha 196
  elefantes 39
  africanos 39

O LIVRO DOS HUMANOS

comunicação 187
luto 210
presas 35
sexo e 135
teste do espelho 205-206
uso de folhas 44
Ellis, Henry Havelock 107
embriões 93, 167
embriologia, definição 172
emoções 213-214
emoções, interpretação 209
enguias elétricas 106
epigenética 120
escrita 28
escudos de corpo inteiro 83
esculturas 191
"esgrima peniana" 98, 99
Espanha 196
espantalhos 202
esperma 95-96, 98, 100, 134, 142
esponjas (animais) 46
esponjas, uso por golfinhos 46-47
esquilos 105
estátuas 42
estegossauro 90
Estreito de Bass, Austrália 216
estruturas demográficas 117, 217, 219, 223
estupro 140
evolução 10-11, 19-20, 143
   e genes 224-225
   pela seleção natural 18, 42, 116, 136
   temas 71

fala 178-188, 190
falcões de fogo 62-65
falcões-marrons 64-65
fauna e flora 65

felação 107, 109, 111, 130
fenótipos 157, 219
ferramentas 27-37
   acheulenses 34-36, 70
   coleta 53, 54
   com ganchos 53
   de Lomekwi 31, 32, 36
   de madeira 35, 36, 58
   de pedra 30-31, 35
   definição 29
   folhas como 45
   machado, cabeças de 31, 34
   Neandertais 34
   olduvaienses 30, 33, 34, 36
   uso 43-45, 225
ferramentas acheulenses 34-37, 70
ferramentas com ganchos 53, 54
ferramentas de coleta 53, 54
ferramentas de Lomekwi 31
ferramentas de madeira 36
ferramentas de pedra 30-32
ferramentas olduvaienses 30, 33, 36
ferreirinha-comum 109
ferreirinhas-comuns 109
fertilidade 116, 125, 129, 137, 194
fertilização externa 97
fertilização *in vitro* 93
flora e fauna 64
florestas 44, 63, 75
focas comuns 134, 140
fogo 57-66
folhas, como ferramentas 44
fontes hidrotermais 57
formigas 40, 80, 81, 99, 128
formigas cortadeiras 80
fototransdução, definição 23
FOXP2 (gene) 172-176, 186, 224

ÍNDICE

fragmentos de buxo 35
Freud, Sigmund 84
"fricção G-G" 112, 113
Fry, Hannah 91
fungos 80, 96

gálagos 70
Galeno (anatomista grego) 103
"Gana" (gorila) 210
ganchos 52-53
gastrólitos (pedras estomacais) 60
gatos 209
gêmeos 126
Gene egoísta, O (Dawkins) 219
genes 161, 165-168, 170, 176, 224
   CNTNAP2 171
   evolução e 225
   FOXP2 172-176, 186, 224
   homossexualidade 126, 129, 131
   identificação 153
   NOTCH2NL 159
   SRGAP2 159
   SRGAP2C 160
   genética 160
   defeitos 170
   do desenvolvimento 172
   engenharia 193
   universal 10
genomas 16, 79, 152, 155, 156, 157, 159, 161-163, 169
genótipos 157
gerrídeos 139-140
Gessner, Conrad 28
gestos simbólicos 183, 185
Gibraltar 196
girafas 19, 119-122, 124, 125, 129, 131
Gladiador (filme) 124

golfinhos 46, 47, 54, 142, 212
golfinhos nariz-de-garrafa 47, 141, 205
gongylidia (filamentos) 81
Goodall, Jane 44, 73
Gorham, caverna, Gibraltar 196
gorilas 37, 44, 155, 206, 210
Gosford, Bob 66
gralhas-calvas 52
gramática e sintaxe 171, 172, 177, 178, 183, 186
"grande salto" 13, 14, 38
gravata 84
gravatas 84
gravidez 71, 92, 93, 118, 137, 163
Great Ormond Street Hospital, Londres 169
grilos 185
grupos raciais 72
guerra 69-70, 72, 73, 75
Guia do mochileiro das galáxias, O (Adams) 182

HACNS1 (acentuadores) 166-167
Hadeano, período 57
Hamlet (personagem) 9, 10
Hepburn, Katharine 211
hermafroditas 98-99
hienas 125
higiene 105, 107
hioide, osso 149, 173, 174, 175
hipopótamo 46
"hipótese da avó" 128-129
"hipótese do tio gay" 128
História da guerra do Peloponeso, A (Tucídides) 71
HIV (vírus da imunodeficiência humana) 162

Homem-Leão de Hohlenstein-Stadel (*Löwenmensch*), escultura, Alemanha, 191, *192*
hominídeos 36-39, 44, 45, 55, 62, 75, 155-159, 165-167, 185, 186, 189
hominini 31, 115
Homo erectus 30, 34, 58, 59, 197
Homo floresiensis 197
Homo habilis 30-31, 149
Homo naledi 90
Homo neanderthalensis (neandertais) 14, 165, 196
   e a arte 199
   e humanos 162, 170
   FOXP2 (gene) 186
   osso hioide 149, 174
   produtores de ferramentas 30-31
Homo sapiens (humanos) 11-14, 16, 17, 34, 63, 64, 90, 165, 172, 190, 196, 223, 224, 226
Homo, geno 30, 31, 33, 35, 90, 115, 148
homossexualidade 19, 118-119, 121, 126-129, 131
"Hugh" (chimpanzé) 74
humanos (*Homo sapiens*) 14, 63, 90, 172, 196
"Humphrey" (chimpanzé) 73-74
Huntington, doença de 200
Hurault, Paul, Marquês de Vibraye 200

I, the Aboriginal (Waipuldanya) 66
identificação de genes 168
iguanas marinhas 104
In Memoriam A.H.H. (Tennyson) 140
Incríveis, Os (filme) 10
indigenous ecological knowledge [conhecimento ecológico indígena] (IEK) 66

Indonésia 90
infanticídio 74, 142
inglês, língua 178
inovação tecnológica 79
"inseminação traumática" 96
insetos 82-83, 186
instrumentos musicais 42
interocepção 207
interpretação da mente 201
interpretação de papéis 132
inversão dos polos magnéticos 32
Israel 173

"Jack" (chimpanzé) 85
Jacob, François 130
Japão 53
javalis 79
"Julie" (chimpanzé) 84-85
Jurássico, período 60

"Kathy" (chimpanzé) 85
Kebara, caverna, Israel 173
Kellogg, John Harvey 103
Kenyanthropus platyops 31
Kibale, Parque Nacional de, Uganda 74
Kinsey Report [relatório de Kinsey] 108
Kinsey, Alfred 106
Klinefelter, síndrome 155
Kyung Wha Chung 38

L'Onanisme (Tissot) 103
lagartos
   rabo-de-chicote 125
   teiú 133
Lamarck, Jean Baptiste Pierre Antoine de Monet, Chevalier de 120-121
lanças 34, 224

ÍNDICE

laringe 172, 173, 176
Lascaux, caverna de, França 190
"Leakey" (chimpanzé) 73
leite 79-80, 89, 157
leões 125, 131
leões-das-cavernas 193, 199, 200
leões-marinhos 205
leopardos 185
Levick, George 133
linguagem 14, 31, 171, 175-177, 186, 215
línguas 177-178, 182, 183
linguistas 178, 181, 182
Livro da Selva, O (Kipling) 59
Lomekwi, Quênia 32
lontras-marinhas 133, 140, 212
Löwenmensch (Homem-Leão de Hohlenstein-Stadel), escultura, Alemanha 191, 192, 193, 201
Lucy (filme) 41
luto 210
luto 210
Lyell, Charles 120

Macaca, gênero 41, 43
Macaco nu, O (Morris) 83
macacos vervet 61, 64, 184
macacos-gelada 69
Macbeth, Lady 210
maceração 60
Mahale, montanhas, Tanzânia 74
malária 76, 157
mamíferos 89, 95, 99, 106, 149, 214
mandíbula 176
mãos 35, 167
marfim, escultura 191
Marind-Anim, povo, Nova Guiné 130
mariposa-tigre do Arizona 76

mariposas 76
Marrocos 190
massacres 143
masturbação 102-106, 109
membros 169
Mesolítico, Período 36
metabolismo celular 11
micróbios (arqueias) 101
microcefalia 159
migração humana 79, 218
milhafres 64-65
moda 78-84
modernidade 216, 220
moela, definição 60
moluscos 43, 53, 83
morcegos 21, 46, 76, 89, 114
morfologia 155
Morris, Desmond 83
morte, causas naturais 76
moscas 97
Münster, Zoológico de, Alemanha 210
musaranhos 40
mutações de novo 160
Mutua, Ezekial 131

nacionalismo 72
nadadeiras 46-47
narizes 183
Naturuk, Quênia 70
Neandertais (Homo neanderthalensis) 14
    e a arte 196
    e os humanos 163, 165, 166
    FOXP2 (gene) 176
    osso hioide 149, 174
    produtores de ferramentas 36
necking 122, 124
necrofilia 132-134

O LIVRO DOS HUMANOS

necrófilos homicidas 132
necrófilos oportunistas 132
necrófilos românticos 132
Neolítico, Período 34
nervo laríngeo 121, *123*
nervos 107, 172
neurônios 168, 213
níveis de habilidades 222
NOTCH2NL (gene) 159
Notonecta glauca 139

Obama, Barack 200
observação das pessoas 220
obsidiana rocha, definição 30
Okinawa, Ilha de, Japão 53
olhos 12, 21, 62, 73, 170, 200
orangotangos 44, 45, 53, 63, 112, 155
Orfanato Para a Vida Selvagem Chimfunshi, Zâmbia 85
organismos 89
origem da vida, teoria 57
ovelhas 79, 125, 200
ovos 52
ovulação 125

palavras, significado 186
Paleolítico, Período 35, 36, 53, 194
Pan, geno 73, 112, 115-117, 155, 184
papagaios 52
papai e mamãe 92
pareidolia 202
Parque Nacional Gombe Stream, Tanzânia 44, 73
partenogênese (reprodução assexuada) 98, 125
Partes dos animais (Aristóteles) 40

pássaros canoros 171
pássaros/aves 51-56
  canto 29
  comportamento 211
  comportamento social 52
  cromossomos 95-96
  digestão 59
  e os humanos 52
  pirófilas 64
  sexo e 97, 138
  tamanho 51
patas 167
pato-de-rabo-alçado argentino 97
pavões 82
pedras/rochas, como armas 69
pegas 206
peixe-bunda 40
peixe-cachimbo 82
peixe-palhaço 99
peixes
  Dunkleosteus (peixe) 92, 96
  esperma 97
  hermafroditas 98, 99
  peixe-bunda 40
  peixe-cachimbo 82
  peixe-palhaço 99
  salmão 97
  siba 100
pênis 84, 96, 97, 104, 106-108, 113, 114, 124, 125
Pepys, Samuel 103
percevejos 10
Período Cretáceo 60
personagens shakespearianos 9
pés humanos 167
pesca 44, 217

ÍNDICE

pescoços 122

Pesquisa Nacional de Saúde e Comportamento Sexual dos Estados Unidos 102

Philosophie Zoologique (Lamarck) 120

Piaf, Édith 210

pinguins-de-adélia 104, 133, 135

Pinnacle Point, África do Sul 197

pinturas de mãos, caverna 190

placenta 163

plantações de cereais 79

platelmintos 98, 99

plugues copulatórios 97

pombos 206

populações, crescimento 218

porcos 51, 190

povo afro-americano 90

povo chinês 73

povos indígenas 66, 127, 217

práticas ritualísticas 132

prazer 108-109, 112

preliminares 122

primatas 43, 44, 51, 52, 55, 60, 63, 90, 104, 112, 158, 163, 185, 210

processamento de alimentos 44

processo de lascar 31

procriação 92-93, 98

Procurando Nemo (filme) 96

propriocepção 207

proteínas 10, 152, 156, 157, 166, 170, 172

quadrúpedes 45

queda 224

queijo 80

Quênia 131

quimeras 191

quimiosmose, definição 11

quociente de encefalização (QE) 40

raposas 202

rãs 133

ratos 105, 111, 213, 214

ratos-toupeiras-pelados 99

reconhecimento 206, 211

Redish, David 212, 213

relacionamentos entre mãe e filha 142

relacionamentos entre mãe e filho 163

religião 203

reprodução assexuada (partenogênese) 98, 125

répteis 66, 95, 96, 171, 173

República Democrática do Congo (RDC) 112

Restaurant Row, experiência 212, 213

RNA (ácido ribonucleico) 162, 166

Roberts, Alice 223, 227

robótica 38

rochas/pedras, como armas 69

rotíferos (organismos) 91, 102

Sagan, Carl 226

Sahelanthropus tchadensis (homini) 115

Saint Acheul, França 33

salamandras 138

salmão 97

sâmbias, povo (tribo), Papua-Nova Guiné 129

savanas 63, 82

secreções hormonais 139

seleção de parentesco 127-128

seleção natural 10, 84, 225

sêmen 97, 129, 130

Senegal 61

Serengeti de Mara, Quênia 61

Sex by Numbers (Spiegelhalter) 103

sexo anal 124, 130, 131

O LIVRO DOS HUMANOS

sexo não reprodutivo 108, 111, 117
sexo oral 108-109
"sexo transacional" 135
sexo
  anal 124, 130, 131
  cópula 102, 105, 122, 133
  e violência 140-143
  escravos 99
  estupro 138, 140
  não reprodutivo 108, 111, 117
  oral 107-109, 130, 148
  parceiros 91, 96
  reprodução 130, 141
  seleção 82, 83, 128, 138
  transacional 135
Shark Bay, Austrália 47, 54, 141, 222
siba 100
sílex, faca 191
simbolismo 84, 181-187, 189-191
simbolismo fálico 84
Simpsons, Os (programa de TV) 179
sinapses 175
sincício (células) 163
sintaxe e gramática 177
Skinner, B. F. 206
Smith, John Maynard 100
Sócrates 28
Spiegelhalter, David 92, 103, 227
SRGAP2 (gene) 159
SRGAP2C (gene) 160
Steiner, Adam 212, 213
Studies in the Psychology of Sex (Ellis) 107
Stuttgart, Zoológico de 114
Sulawesi, Indonésia 190
suricatos 142

talha (moldar a pedra) 30
tamarutaca 19
Tanzânia 30, 44, 73, 74, 75, 124, 142
tarefas léxicas 173
Tasmânia 216
tecido neural 175
tecnologia 20, 27-30, 33-36, 38, 79, 222
telas, tempo em frente às 28
Tennyson, Alfred, Lord 140
teoria celular 11
teste do espelho 205, 206
tetracromacia (visão super-humana), definição 19
"Tinka" (chimpanzé) 86-87
Tissot, Samuel-Auguste 103
topi (antílopes) 105
Toscana, Itália 35
traços faciais
  animais 152
  e corvos 52
  Homo, gênero 11, 17, 30
  humanos 53, 54, 189, 190
  interpretação 201
transcrição, fatores de 170-171
transferência horizontal de genes 101
transmissão cultural 48-50, 54, 67, 179, 222, 224
travessia de água 45
tribalismo 84
Trinil, Java 197
tuatara 96
Turner, síndrome de 155
Tyrannosaurus rex 11, 90

Uganda 74
ursos-pardos 45, 109, 111
ursos-polares 121

ÍNDICE

"Val" (chimpanzé) 85
Vanuatu 179
varas multiuso 35
Vênus de Hohle Fels (escultura) *15*, 193
Vênus, estatuetas 13, 194
vermelho (palavra), em linguagem 190
violência 20, 22, 28, 69, 70, 73-76, 87, 117, 135, 136, 139, 140, 142, 143, 184
vírus 11, 162, 163
visão 23, 158
Vogelherd, cavernas de, Alemanha 193
voo 21-22

Warne, Shane 38
Wilde, Oscar 84
Wonderwerk, caverna de, África do Sul 59

Zagreb, Zoológico de, Croácia 109
Zâmbia 85
zoológico, comportamento nos 104, 109, 114, 133, 186, 210

Este livro foi composto na tipografia
Minion Pro, em corpo 11,5/15,5, e impresso
em papel off-white no Sistema Cameron da
Divisão Gráfica da Distribuidora Record.